Diese Mitteilungen setzen eine von Erich Regener begründete Reihe fort, deren Hefte am Ende dieser Arbeit genannt sind.

Bis Heft 19 wurden die Mitteilungen herausgegeben von J. Bartels und W. Dieminger. Von Heft 20 an zeichnen W. Dieminger, A. Ehmert und G. Pfotzer als Herausgeber.

Das Max-Planck-Institut für Aeronomie vereinigt zwei Institute, das Institut für Stratosphärenphysik und das Institut für Ionosphärenpyhsik.

Ein (S) oder (I) beim Titel deutet an, aus welchem Institut die Arbeit stammt.

Anschrift der beiden Institute:

3411 Lindau

BERECHNUNG DES WELLENFELDES
EINES LÄNGSTWELLENSENDERS IM
ENTFERNUNGSBEREICH BIS 1000 KM
ZUR KONTINUIERLICHEN SONDIERUNG
DER TIEFEN IONOSPHÄRE DURCH
FELDSTÄRKEMESSUNGEN IN
GEEIGNETEN ENTFERNUNGEN VOM SENDER

von

DIETRICH STRATMANN

ISBN 978-3-540-04971-5   ISBN 978-3-642-47848-2 (eBook)
DOI 10.1007/978-3-642-47848-2

Inhaltsverzeichnis

1. Einleitung 5

2. Gewinnung der Reflexionseigenschaften der Ionosphäre 6
   - 2.1 Bezeichnungen 7
   - 2.2 Die Suszeptibilitätsmatrix 9
   - 2.3 Gewinnung der Feldgleichungen 10
   - 2.4 Die Admittanzmethode 13
   - 2.5 Der Anfangswert 15
   - 2.6 Die Reflexionskoeffizientenmatrix 17
   - 2.7 Numerische Integration 20
   - 2.8 Das Erdmagnetfeld 20
   - 2.9 Das Stoßzahlprofil 21
   - 2.10 Das Elektronendichteprofil 22

3. Berechnung des Wellenfeldes 23
   - 3.1 Wahl des Entfernungsbereichs 24
     - 3.1.1 Einfluß der Erdoberfläche 24
     - 3.1.2 Einfluß der Ionosphäre 27
   - 3.2 Wahl der Berechnungsmethode 28
   - 3.3 Die scheinbare Reflexionshöhe 28
   - 3.4 Die Phasenkurven der Reflexionskoeffizientenmatrix 31
   - 3.5 Strahlensumme für ebene Erde 32
   - 3.6 Erweiterung auf anisotrope Ionosphäre mit einfallswinkelabhängiger Reflexionshöhe 34
   - 3.7 Berücksichtigung der Erdkrümmung 36
   - 3.8 Berechnung der Abstrahlwinkel 37
   - 3.9 Der Konvergenzfaktor 39
   - 3.10 Die Feldstärkeentfernungskurven 40
   - 3.11 Die Feldstärkegebirge 42

4. Vergleich mit Messungen 44
   - 4.1 Das Pegelflächenverfahren 44
   - 4.2 Die Stationsfaktoren 46
   - 4.3 Parameterbestimmung mit Stationsfaktoren 50
   - 4.4 Jahreszeitliche Änderungen der kritischen Höhe 52
   - 4.5 Tageszeitabhängiges Verhalten 52
   - 4.6 Jahreszeitabhängiges Verhalten 54
   - 4.7 Ausblick 56

5. Zusammenfassung 57

Summary 57

Literaturverzeichnis 59

Anhang 61

1. Einleitung

Die folgende Arbeit beschäftigt sich mit der Ausbreitung von Längstwellen im Raum zwischen Erde und kugelsymmetrisch angenommener Ionosphäre. Längstwellen sind elektromagnetische Wellen mit Frequenzen zwischen 3 und 30 kHz, d.h. mit Wellenlängen im Bereich von 10 bis 100 km. Sie werden (wegen der großen Wellenlänge) in Gebieten mit einer geringen Dichte freier Elektronen reflektiert. Infolgedessen kann der Raum zwischen Erdoberfläche und D-Region bzw. unterer E-Region der Ionosphäre als Wellenleiter für derartige Wellen aufgefaßt werden. Dabei hängt das resultierende Wellenfeld in eindeutiger Weise von den Reflexionseigenschaften der Wände und der Geometrie des Wellenleiters ab. Falls es gelingt, die rechnerischen Schwierigkeiten bei der quantitativen Beschreibung dieses Zusammenhangs zu überwinden, ermöglicht umgekehrt die Messung des Wellenfeldes Rückschlüsse auf die Eigenschaften des Wellenleiters und damit der tiefen Ionosphäre. Eben dies Gebiet ist jedoch anderen vom Boden her erfolgenden Untersuchungen nur teilweise und dann mit erheblichem technischen Aufwand zugänglich, während Raketenmessungen jeweils nur wenige Minuten erfassen können. Mit wachsenden Kenntnissen der Erscheinungen der oberen Ionosphäre, die u. a. durch Satellitenmessungen und ein Netz ionosphärischer Echolotungsstationen gewonnen werden, wächst die Bedeutung, die einer Klärung der Vorgänge am unteren Rand der Ionosphäre zukommt [BELROSE, 1967].

Natürliche Sender von Längstwellen des gesamten Frequenzbereichs stellen die bei Gewittern entstehenden atmosphärischen Entladungen dar, so daß sie zur Untersuchung der unteren Ionosphäre benutzt werden können [REVELLIO, 1956]. Leider liegen über das Primärspektrum von Blitzen keine genauen Informationen vor, wobei zusätzlich die individuellen Unterschiede einzelner Blitze beachtlich sind. Da weiterhin die Polarisation stark von der geometrischen Gestalt des Blitzkanals abhängt und die räumliche Verteilung der Gewitterherde sich ständig ändert, wird eine Beschreibung der Längstwellenausbreitung durch Beobachtung von Atmospherics wegen der Vielzahl der Parameter sehr erschwert.

Eine wesentliche Verbesserung wird erreicht, wenn man Ionosphärendaten aus Feldstärkeregistrierung und Polarisationsmessung geeigneter Sender an einzelnen Meßorten ableitet [DEEKS, 1966 a]. Solche Sender mit konstanter Frequenz, Sendeleistung und Polarisation, wie etwa der englische Sender GBR Rugby (16 kHz), stehen zur Verfügung. Sie werden trotz erheblichen finanziellen Aufwandes, der bei den großen Wellenlängen schon für eine Antenne mit vernünftigem Wirkungsgrad erforderlich ist, für bestimmte technische Anwendungen unterhalten. Hier sei zur Erläuterung nur erwähnt, daß mit Hilfe von Längstwellen Frequenzen an verschiedenen Orten auf einige 10^{-12} genau verglichen werden können [BLAIR et al., 1967], und daß die Messung von Phasendifferenzen verschiedener Sender präzise Navigationshilfen bietet [CASSELMAN et al., 1959], wobei zusätzlich die Modulation der Trägerwellen eine zuverlässige Nachrichtenübermittlung gewährleistet.

Die technische Bedeutung der Längstwellen beruht im wesentlichen darauf, daß sie auf ihrem Weg vom Sender zum Empfänger zwischen den Wänden Erde und untere Ionosphäre geführt werden. Dabei beeinflussen naturgemäß beide Wände die Ausbreitung. In einem begrenzten Entfernungsbereich wird das Wellenfeld jedoch vor allem durch die physikalischen Eigenschaften der reflektierenden Ionosphären - schichten bestimmt und durch andere Parameter nur wenig gestört. Eine weitere Verbesserung besteht daher in der Vermessung des Wellenfeldes in diesem Bereich durch gleichzeitige Registrierung der Feldstärkeamplitude an mehreren Stationen in verschiedenen Entfernungen vom Sender [FRISIUS, 1965]. Derartige Messungen an acht Stationen längs der Linie Rugby - Lindau liegen aus dem Jahre 1962/63 für den Sender GBR Rugby vor [STRATMANN, 1964].

Wesentliche Voraussetzung zur laufenden Überwachung der Ionosphäre mit Hilfe solcher Längstwellenmessungen ist die quantitative Darstellung des resultierenden Wellenfeldes in Abhängigkeit von der

Geometrie des Wellenleiters und den Reflexionseigenschaften der Wände. Die Lösung dieser Aufgabe wird in der vorliegenden Arbeit versucht und ergibt die folgende Gliederung:

Gewinnung der Reflexionseigenschaften der Ionosphäre.

Das geschieht durch Integration der gekoppelten Differentialgleichungen der Wellenausbreitung für ebene Wellen unter Vorgabe von einfachen Ionosphärenmodellen mit Berücksichtigung des Erdmagnetfeldes.

Berechnung des Wellenfeldes.

Betrag und Phase der Feldstärke eines Längstwellensenders werden nach der strahlenoptischen Methode berechnet. Die Krümmung von Erde und Ionosphäre sowie die Doppelbrechung innerhalb der Ionosphäre werden berücksichtigt.

Vergleich mit Messungen.

Es wird untersucht, wieweit die Messungen aus dem Jahre 1962/63 an mehreren Stationen einer Empfängerkette mit den einfachen Modellrechnungen verträglich sind und auch Rückschlüsse auf den Zustand der Ionosphäre erlauben.

2. Gewinnung der Reflexionseigenschaften der Ionosphäre

Als wichtigste Voraussetzung für die in Teil 3 erfolgende Berechnung des Wellenfeldes eines Längstwellensenders müssen die Reflexionseigenschaften einer ebenen, horizontal gleichförmigen Ionosphäre gewonnen werden.

Das Verhalten der Ionosphäre gegenüber elektromagnetischen Wellen wird durch die Höhenabhängigkeit der Elektronendichte und Stoßzahl sowie das dort herrschende Magnetfeld charakterisiert. Diese Größen bestimmen die Abhängigkeit der elektrischen Verschiebungsdichte von der elektrischen Feldstärke. Den quantitativen Zusammenhang gibt die Suszeptibilitätsmatrix an. Unter Verwendung dieser Matrix lassen sich aus den Maxwellschen Gleichungen die Feldgleichungen, d.h. die gekoppelten Differentialgleichungen der Wellenausbreitung, aufstellen. Hierfür findet man analytische Lösungen nur in wenigen Sonderfällen, während eine numerische Integration auch für komplizierte Ionosphärenmodelle durchgeführt werden kann. Aus den Ergebnissen der Integration läßt sich die Reflexionskoeffizientenmatrix errechnen. Hierbei benötigt man allerdings niemals die Feldgrößen selbst, sondern stets Quotienten geeigneter Linearkombinationen derselben. Das kann man von vornherein berücksichtigen, indem man durch Umformung der Feldgleichungen unter Verwendung solcher Quotienten, etwa der Admittanzen, die Zahl der Differentialgleichungen reduziert und damit die numerische Integration stark vereinfacht. Weiterhin kann der Rechenaufwand wesentlich verkleinert werden, wenn man nicht von unendlicher Entfernung herkommend durch die gesamte Ionosphäre integriert, sondern von einem passend gewählten Anfangswert in geeigneter Höhe innerhalb der Ionosphäre ausgeht.

Die mathematischen Formeln für die Durchführung des hier skizzierten Verfahrens findet man bei BUDDEN [1961]. Sie sind dort über verschiedene nicht zusammenhängende Kapitel verteilt, teilweise macht auch die Kürze der Darstellung einen Nachvollzug der Überlegungen außerordentlich mühsam. Aus beiden Gründen wird daher in den Abschnitten 2.2 bis 2.6 die Herleitung der Formeln in enger Anlehnung an BUDDEN und unter weitgehender Verwendung seiner Bezeichnungen etwas ausführlicher dargestellt.

Für die Integration der Differentialgleichungen stand ein von RIES [1964] verwendetes Rechenmaschinenprogramm zur Verfügung. Dieses wurde für den Einsatz der Göttinger Rechenanlage IBM 7040 in der Programmiersprache FORTRAN IV [WILLE et al., 1965] geringfügig modifiziert. Die Liste des Programms ist im Anhang beigefügt.

2.1 Bezeichnungen

B	Betrag der Kraftflußdichte des Erdmagnetfeldes
B_{MN}	Konvergenzfaktor
c	Lichtgeschwindigkeit im Vakuum
C	Proportionalitätskonstante
e	Elektronenladung
F_{MN}	Gewichtsfaktor
F_{Stat}	Stationsfaktor
H	scheinbare Reflexionshöhe
H_{eff}	effektive Antennenhöhe
H_S	Skalenhöhe der Elektronendichte
H_{250}	kritische Höhe (Elektronendichte $N = 250/cm^3$)
i	imaginäre Einheit
k	Wellenzahl
m	Elektronenmasse
M	Reflexionsordnung
n_o	Brechungsindex f. ordentliche Komponente
n_x	Brechungsindex f. außerordentliche Komponente
N	Elektronendichte
N_S	Sendeleistung
p_o	Dipolstärke
r	Entfernung
R	Radius der kugelförmigen Erde
S	Ausbreitungsfunktion nach SOMMERFELD
t	Zeit
U_A	Antennenspannung
W	Ausbreitungsfunktion nach WAIT
$X = \left\{\dfrac{\omega_N}{\omega}\right\}^2$	Quadrat der normierten Plasmafrequenz
$Y = \dfrac{\omega_H}{\omega}$	normierte Gyrofrequenz (Betrag)
Y_L	Longitudinalkomponente der normierten Gyrofrequenz
Y_T	Transversalkomponente der normierten Gyrofrequenz
$Z = \dfrac{\nu}{\omega}$	normierte Stoßfrequenz
Z_o	Wellenwiderstand im Vakuum
α	Proportionalitätskonstante
γ	Maßsystemfaktor (= 1 im Giorgi-System)
ε_r	rel. Dielektrizität
ε_o	Influenzkonstante
ζ	Zentriwinkel im Erdmittelpunkt

ϑ	Einfallswinkel, Winkel zwischen z-Achse und Ausbreitungsrichtung
ϑ_E	Einfallswinkel, Austrittswinkel an der Erdoberfläche
ϑ_I	Einfallswinkel an der Ionosphäre
λ	geograph. Länge
μ_r	rel. Permeabilität
μ_o	Induktionskonstante
ν	Stoßfrequenz
ν_m	Stoßfrequenz für monoenergetische Elektronen
π	Produktzeichen
ρ	Entfernung auf der Erdoberfläche
ρ_o	ordentliche Komponente der Wellenpolarisation
ρ_x	außerordentliche Komponente der Wellenpolarisation
σ	Leitfähigkeit
φ	geograph. Breite
Φ	Phasenänderung bei Reflexion
χ	Zenitdistanz der Sonne
ω	Kreisfrequenz der einfallenden Welle
ω_H	Gyrofrequenz.

Vektoren

Alle Vektoren sind in einem rechtshändigen kartesischen Koordinatensystem definiert. Dessen z-Achse weist senkrecht nach oben, die x-Achse liegt in der Ausbreitungsebene.

$$\underline{B} = (B_x, B_y, B_z) \quad \text{magn. Kraftflußdichte}$$
$$\underline{D} = (D_x, D_y, D_z) \quad \text{elektrische Verschiebungsdichte}$$
$$\underline{E} = (E_x, E_y, E_z) \quad \text{elektrische Feldstärke}$$
$$\underline{H} = (H_x, H_y, H_z) \quad \text{magn. Feldstärke}$$
$$\underline{P} = (P_x, P_y, P_z) \quad \text{dielektrische Polarisation}$$
$$\underline{r} = (x, y, z) \quad \text{Ortsvektor}$$
$$\underline{Y} = Y(l, m, n) \quad \text{normierte Gyrofrequenz (Vektor).}$$

Matrizen

$$|A = \begin{bmatrix} A_{11} & A_{12} \\ A_{21} & A_{22} \end{bmatrix} \quad \text{Admittanzmatrix}$$

$$|F = \begin{bmatrix} F_{no} \\ F_{ao} \\ F_{nu} \\ F_{au} \end{bmatrix} \quad \text{Wellenfeldamplitudenmatrix}$$

Indizes: n = normal
a = anormal
o = nach oben laufende Welle
u = nach unten laufende Welle

$$\mathbb{M} = \begin{bmatrix} M_{11} & M_{12} & M_{13} \\ M_{21} & M_{22} & M_{23} \\ M_{31} & M_{32} & M_{33} \end{bmatrix} \quad \text{Suszeptibilitätsmatrix}$$

$$\mathbb{R} = \begin{bmatrix} R_{\parallel\parallel} & R_{\parallel\perp} \\ R_{\perp\parallel} & R_{\perp\perp} \end{bmatrix} \quad \text{Reflexionskoeffizientenmatrix}$$

$\mathbb{R}_E$ Reflexionskoeffizientenmatrix der Erdoberfläche

$\mathbb{R}_I$ Reflexionskoeffizientenmatrix der Ionosphäre

$$\mathbb{T} = \begin{bmatrix} T_{11} & T_{12} & T_{13} & T_{14} \\ T_{21} & T_{22} & T_{23} & T_{24} \\ T_{31} & T_{32} & T_{33} & T_{34} \\ T_{41} & T_{42} & T_{43} & T_{44} \end{bmatrix} \quad \text{Kopplungsmatrix .}$$

2.2 Die Suszeptibilitätsmatrix

Zunächst erfolgt eine Beschreibung der materiellen Eigenschaften der Ionosphäre. Dazu wird die Suszeptibilitätsmatrix der inhomogenen, anisotropen Ionosphäre hergeleitet. Man geht von der Bewegungsgleichung eines elastisch gebundenen Elektrons der Ladung e und der Masse m unter dem Einfluß eines elektrischen Feldes $\underline{E}$, eines statischen Magnetfeldes $\underline{B}$ und einer Reibungskraft $C\underline{\dot{r}}$ aus

$$e\left[\underline{E} + [\underline{\dot{r}}\ \underline{B}]\right] = m\underline{\ddot{r}} + C\underline{\dot{r}} \tag{1}$$

mit dem Ansatz $\underline{r} = \underline{r}_o e^{i\omega t}$ bei $\underline{E} = \underline{E}_o e^{i\omega t}$, wobei ω die Kreisfrequenz eines elektrischen Wechselfeldes bedeutet. Nach Multiplikation mit $Ne/m\omega^2$, wobei man das Glied C/m durch die Stoßzahl ν ersetzt, ergibt sich

$$\frac{Ne^2}{m\omega^2}\underline{E} + \frac{ie}{m\omega}\left[Ne\,[\underline{r}\ \underline{B}]\right] = -Ne\underline{r}\left(1 - i\frac{\nu}{\omega}\right).$$

Dabei stellt der Term $Ne\underline{r} = \underline{P}$ gerade die Polarisation dar. Benutzt man in Anlehnung an BUDDEN [1961] die Abkürzungen

$$\frac{Ne^2}{\varepsilon_o m\omega^2} = X \quad \frac{e\underline{B}}{m\omega} = \underline{Y} \quad \frac{\nu}{\omega} = Z \quad ,$$

erhält man die Vektorgleichung

$$-\varepsilon_o X \underline{E} = \underline{P}(1 - iZ) + i\left[\underline{P}\ \underline{Y}\right]. \tag{2}$$

Mit den Größen l, m, n als den Richtungscosinus des Vektors $\underline{Y}$ kann man Gleichung (2) in Komponentenschreibweise darstellen:

$$\begin{aligned}
-\varepsilon_o X E_x &= (1 - iZ) P_x + i P_y n Y - i P_z m Y \\
-\varepsilon_o X E_y &= (1 - iZ) P_y - i P_x n Y + i P_z l Y \\
-\varepsilon_o X E_z &= (1 - iZ) P_z + i P_x m Y - i P_y l Y.
\end{aligned} \tag{2a}$$

Dies ist eine Gleichung der Form

$$-\varepsilon_o \underline{E} = \mathrm{M}^{-1} \underline{P}$$

mit der Matrix

$$\mathrm{M}^{-1} = \frac{1}{X} \begin{bmatrix} 1-iZ & in\,Y & -im\,Y \\ -in\,Y & 1-iZ & il\,Y \\ im\,Y & -il\,Y & 1-iZ \end{bmatrix}. \tag{3}$$

Durch Multiplikation mit der Matrix M erhält man

$$\underline{P} = -\varepsilon_o \,\mathrm{M}\, \underline{E}. \tag{4}$$

Die Matrix

$$\mathrm{M} = \begin{bmatrix} M_{11} & M_{12} & M_{13} \\ M_{21} & M_{22} & M_{23} \\ M_{31} & M_{32} & M_{33} \end{bmatrix} \tag{4a}$$

stellt die Suszeptibilitätsmatrix der Ionosphäre unter Berücksichtigung eines statischen Magnetfeldes und der Stoßzahl ν dar. Die einfache Materialgleichung $\underline{D} = \varepsilon_r \varepsilon_o \underline{E}$, die den Zusammenhang zwischen elektrischer Feldstärke und elektrischer Verschiebungsdichte im Falle eines isotropen Mediums beschreibt, geht also in die kompliziertere Gleichung

$$\underline{D} = \varepsilon_o \underline{E} + \underline{P} = \varepsilon_o \left[\mathrm{1} - \mathrm{M} \right] \underline{E} \tag{5}$$

über. Das Ersetzen einer Konstanten ε_r durch eine Matrix $\mathrm{1} - \mathrm{M}$ bedeutet physikalisch das Ersetzen eines isotropen Mediums durch ein anisotropes Medium. In der Ionosphäre hängt also im allgemeinen jede Komponente des elektrischen Verschiebungsdichtevektors von allen Komponenten des elektrischen Feldvektors ab. Aus Gleichung (3) erkennt man ferner, daß für verschwindendes Magnetfeld, d.h. für $Y = 0$ die Suszeptibilitätsmatrix in eine Diagonalmatrix übergeht und die Anisotropie der Ionosphäre verschwindet.

2.3 Gewinnung der Feldgleichungen

Ausgangspunkt sind die beiden Maxwellschen Gleichungen

$$\mathrm{rot}\,\underline{E} = -\frac{1}{\gamma} \underline{\overset{\circ}{B}} \tag{6}$$

$$\mathrm{rot}\,\underline{H} = \frac{1}{\gamma} \underline{\overset{\circ}{D}}. \tag{7}$$

Im MKS-System beträgt der Maßsystemfaktor $\gamma = 1$. Wir betrachten eine in der x-z-Ebene laufende ebene Welle. Für diese machen wir den Ansatz:

$$\underline{E} = \underline{E}_o \, e^{i\left[\omega t - k \sin\vartheta\, x - k \cos\vartheta\, z\right]}. \tag{8}$$

Der soeben für die elektrische Feldstärke gemachte Lösungsansatz in Form einer sich in der x-z-Ebene ausbreitenden ebenen harmonischen Welle kann natürlich auch für die magnetische Feldstärke verwendet werden:

$$\underline{H} = \underline{H}_o \, e^{i\left[\omega t - k \sin\vartheta\, x - k \cos\vartheta\, z\right]}. \tag{9}$$

Daraus erhält man für die zeitliche Differentiation

$$\frac{\partial}{\partial t} = i\omega \qquad (10)$$

und für die räumliche Differentiation

$$\frac{\partial}{\partial x} = -ik\sin\vartheta \qquad (11)$$

$$\frac{\partial}{\partial y} = 0. \qquad (12)$$

Mit den beiden Lösungsansätzen (8) und (9) werden die Differentialgleichungen (6) und (7) erfüllt. Mit den Zusatzbedingungen (10) bis (12) erhält man aus (6) und (7) in Komponentendarstellung

$$-\frac{\partial E_y}{\partial z} = -i\omega\mu_0 H_x \qquad (13)$$

$$\frac{\partial E_x}{\partial z} + ik\sin\vartheta\, E_z = -i\omega\mu_0 H_y \qquad (14)$$

$$-ik\sin\vartheta\, E_y = -i\omega\mu_0 H_z \qquad (15)$$

$$-\frac{\partial H_y}{\partial z} = i\omega D_x \qquad (16)$$

$$\frac{\partial H_x}{\partial z} + ik\sin\vartheta\, H_z = i\omega D_y \qquad (17)$$

$$-ik\sin\vartheta\, H_y = i\omega D_z . \qquad (18)$$

Schließlich gilt wegen

$$k = \frac{\omega}{c} \quad \text{und} \quad c = \frac{1}{\sqrt{\varepsilon_0 \mu_0}}$$

$$\omega\mu_0 = k\sqrt{\frac{\mu_0}{\varepsilon_0}} = k Z_0, \qquad (19)$$

wobei der Wellenwiderstand $Z_0 = \sqrt{\mu_0/\varepsilon_0}$ das Verhältnis der Amplituden von elektrischer zu magnetischer Feldstärke einer ebenen Welle im Vakuum darstellt.

Alle Glieder enthalten die Exponentialfaktoren $e^{i\omega t}$ und $e^{-ik\sin\vartheta x}$, so daß nach Division durch diese Faktoren nur noch Größen stehen bleiben, die allein von z abhängen. Daher ist die partielle mit der totalen Differentiation identisch. Gleichung (15) erlaubt die Eliminierung von H_z aus Gleichung (17). Mit der Materialgleichung (5) erhält man aus (13), (14), (16), (17), (18)

$$\frac{dE_y}{dz} = ik Z_0 H_x \qquad (20)$$

$$\frac{dE_x}{dz} = -ik(Z_0 H_y + \sin\vartheta\, E_z) \qquad (21)$$

$$\frac{d}{dz} Z_0 H_y = -ik\left[(1+M_{11})E_x + M_{12}E_y + M_{13}E_z\right] \qquad (22)$$

$$\frac{d}{dz} Z_0 H_x = ik\left[M_{21}E_x + (1+M_{22}-\sin^2\vartheta)E_y + M_{23}E_z\right] \qquad (23)$$

$$\sin\vartheta\, Z_0 H_y = M_{31}E_x + M_{32}E_y + (1+M_{33})E_z . \qquad (24)$$

2.3

Durch Einsetzen von (24) in die Gleichungen (20) bis (23) läßt sich E_z eliminieren und man erhält

$$\frac{dE_x}{dz} = -ik\left\{-\frac{\sin\vartheta M_{31}}{1+M_{33}}E_x - \frac{\sin\vartheta M_{32}}{1+M_{33}}E_y + \frac{\cos^2\vartheta + M_{33}}{1+M_{33}}Z_o H_y\right\} \tag{25}$$

$$\frac{dE_y}{dz} = ik\, Z_o H_x \tag{26}$$

$$\frac{d\,Z_o H_x}{dz} = ik\left\{\left(M_{21} - \frac{M_{23}\cdot M_{31}}{1+M_{33}}\right)E_x + \left(\cos^2\vartheta + M_{22} - \frac{M_{23}M_{32}}{1+M_{33}}\right)E_y - \frac{\sin\vartheta\, M_{23}}{1+M_{33}}Z_o H_y\right\} \tag{27}$$

$$\frac{d\,Z_o H_y}{dz} = -ik\left\{\left(1+M_{11} - \frac{M_{13}\cdot M_{31}}{1+M_{33}}\right)E_x + \left(M_{12} - \frac{M_{13}M_{32}}{1+M_{33}}\right)E_y - \frac{\sin\vartheta\, M_{13}}{1+M_{33}}Z_o H_y\right\}. \tag{28}$$

Diese vier Gleichungen lassen sich als Matrizengleichung

$$\begin{bmatrix}\frac{d}{dz}E_x \\ \frac{d}{dz}E_y \\ \frac{d}{dz}Z_o H_x \\ \frac{d}{dz}Z_o H_y\end{bmatrix} = -ik\ \mathbb{T}\ \begin{bmatrix}E_x \\ E_y \\ Z_o H_x \\ Z_o H_y\end{bmatrix} \tag{29}$$

darstellen mit der Matrix

$$\mathbb{T} = \begin{bmatrix} -\dfrac{\sin\vartheta\, M_{31}}{1+M_{33}} & -\dfrac{\sin\vartheta\, M_{32}}{1+M_{33}} & 0 & \dfrac{\cos^2\vartheta + M_{33}}{1+M_{33}} \\ 0 & 0 & -1 & 0 \\ -M_{21} + \dfrac{M_{23}M_{31}}{1+M_{33}} & -\cos^2\vartheta - M_{22} + \dfrac{M_{23}M_{32}}{1+M_{33}} & 0 & \dfrac{\sin\vartheta\, M_{23}}{1+M_{33}} \\ 1+M_{11} - \dfrac{M_{13}M_{31}}{1+M_{33}} & M_{12} - \dfrac{M_{13}M_{32}}{1+M_{33}} & 0 & -\dfrac{\sin\vartheta\, M_{13}}{1+M_{33}} \end{bmatrix}. \tag{29a}$$

Da die Veränderlichen komplexe Zahlen sind, entspricht Gleichung (29) vier komplexen gekoppelten Differentialgleichungen erster Ordnung.

2.4 Die Admittanzmethode

Zur Gewinnung der Reflexionskoeffizienten der Ionosphäre für ebene Wellen ist es erforderlich, die eben aufgestellten Feldgleichungen zu integrieren. Den vier gekoppelten Differentialgleichungen erster Ordnung entspricht mathematisch eine Differentialgleichung vierter Ordnung. Es existieren also vier unabhängige Lösungen. Physikalisch kann man diese vier Lösungen als je zwei verschieden polarisierte aufwärts und abwärts laufende Wellen deuten. Oberhalb der Ionosphäre können aus physikalischen Gründen nur nach oben laufende Wellen existieren (sonst befände sich in unendlicher Entfernung ein Sender mit unendlich großer Sendeleistung).

Wählt man als Anfangswert im Vakuum oberhalb der Ionosphäre eine beispielsweise in der Ausbreitungsebene polarisierte nach oben laufende Welle und integriert dann mit Hilfe eines Runge-Kutta-Verfahrens durch das Ionosphärengebiet hindurch von oben nach unten, erhält man unterhalb der Ionosphäre die zum gegebenen Anfangswert gehörenden Werte von $\underline{E}$ und $\underline{H}$ einer stehenden Welle. Diese kann man in zwei i. allg. elliptisch polarisierte aufwärts und abwärts laufende Wellen zerlegen. Eine zweite Integration mit einem anderen Anfangswert, beispielsweise einer im Vakuum oberhalb der Ionosphäre senkrecht zur Ausbreitungsebene polarisierten nach oben laufenden Welle, liefert zwei weitere elliptisch polarisierte aufwärts und abwärts laufende Wellen im Raum unterhalb der Ionosphäre. Durch Linearkombination dieser Lösungen kann man zwei in der Einfallsebene bzw. senkrecht dazu polarisierte ebene aufwärts und abwärts laufende Wellen bilden. Die Division von je einer aufwärts laufenden durch die abwärts laufende Welle liefert definitionsgemäß die Reflexionsmatrix der Ionosphäre nach Betrag und Phase.

Das soeben beschriebene komplizierte Verfahren erfordert eine zweimalige Integration der Feldgleichungen. Da zum Schluß der Rechnung jedoch nur Quotienten geeigneter Linearkombinationen der Feldgrößen und nicht diese selbst benötigt werden, kann man sich bei geschickter Wahl der Integrationsvariablen die Hälfte der Integrationen ersparen. Dazu wählt man als Variable bereits Quotienten der Feldgrößen, die Admittanzen. Die Admittanzmatrix, welche bereits von SCHELKUNOFF [1938] benutzt wurde, ist definiert durch

$$\mathbb{A} \begin{bmatrix} E_x \\ E_y \end{bmatrix} = Z_o \begin{bmatrix} H_y \\ H_x \end{bmatrix} . \tag{30}$$

Multiplikation beider Seiten mit i und Differentiation liefert

$$i \, \mathbb{A} \, [\ ]' + i \, \mathbb{A}' \, [\ ] = i Z_o \, [\ ]' . \tag{31}$$

Die Feldgleichungen lauten in Matrixschreibweise

$$\begin{bmatrix} \frac{d}{dz} E_x \\ \frac{d}{dz} E_y \\ \hline \frac{d}{dz} Z_o H_x \\ \frac{d}{dz} Z_o H_y \end{bmatrix} = -ik \begin{bmatrix} T_{11} & T_{12} & | & 0 & T_{14} \\ 0 & 0 & | & -1 & 0 \\ \hline T_{31} & T_{32} & | & 0 & T_{34} \\ T_{41} & T_{42} & | & 0 & T_{44} \end{bmatrix} \begin{bmatrix} E_x \\ E_y \\ \hline Z_o H_x \\ Z_o H_y \end{bmatrix} . \tag{29b}$$

2.4

Nach Aufspaltung in Untermatrizen entsprechend den gestrichelten Linien erhält man folgende zwei Gleichungen

$$i \begin{bmatrix} \frac{\partial E_x}{\partial z} \\ \frac{\partial E_y}{\partial z} \end{bmatrix} = k \begin{pmatrix} T_{11} & T_{12} \\ 0 & 0 \end{pmatrix} \begin{bmatrix} E_x \\ E_y \end{bmatrix} + k \begin{pmatrix} T_{14} & 0 \\ 0 & -1 \end{pmatrix} Z_o \begin{bmatrix} H_y \\ H_x \end{bmatrix} \qquad (32)$$

$$i \begin{bmatrix} \frac{\partial H_y}{\partial z} \\ \frac{\partial H_x}{\partial z} \end{bmatrix} = k \begin{pmatrix} T_{41} & T_{42} \\ T_{31} & T_{32} \end{pmatrix} \begin{bmatrix} E_x \\ E_y \end{bmatrix} + k \begin{pmatrix} T_{44} & 0 \\ T_{34} & 0 \end{pmatrix} Z_o \begin{bmatrix} H_y \\ H_x \end{bmatrix} . \qquad (33)$$

Unter Verwendung von (30) formt man sie zu

$$i \begin{bmatrix} \frac{\partial E_x}{\partial z} \\ \frac{\partial E_y}{\partial z} \end{bmatrix} = k \left\{ \begin{pmatrix} T_{11} & T_{12} \\ 0 & 0 \end{pmatrix} + \begin{pmatrix} T_{14} & 0 \\ 0 & -1 \end{pmatrix} |A \right\} \begin{bmatrix} E_x \\ E_y \end{bmatrix} \qquad (34)$$

$$i \begin{bmatrix} \frac{\partial H_y}{\partial z} \\ \frac{\partial H_x}{\partial z} \end{bmatrix} = k \left\{ \begin{pmatrix} T_{41} & T_{42} \\ T_{31} & T_{32} \end{pmatrix} + \begin{pmatrix} T_{44} & 0 \\ T_{34} & 0 \end{pmatrix} |A \right\} \begin{bmatrix} E_x \\ E_y \end{bmatrix} . \qquad (35)$$

Einsetzen von (34) in (31) auf der linken Seite des Gleichheitszeichens und von (35) auf der rechten Seite liefert

$$k |A \left\{ \begin{pmatrix} T_{11} & T_{12} \\ 0 & 0 \end{pmatrix} + \begin{pmatrix} T_{14} & 0 \\ 0 & -1 \end{pmatrix} |A \right\} \begin{bmatrix} E_x \\ E_y \end{bmatrix} + i \frac{\partial |A}{\partial z} \begin{bmatrix} E_x \\ E_y \end{bmatrix} = k \left\{ \begin{pmatrix} T_{41} & T_{42} \\ T_{31} & T_{32} \end{pmatrix} + \begin{pmatrix} T_{44} & 0 \\ T_{34} & 0 \end{pmatrix} |A \right\} \begin{bmatrix} E_x \\ E_y \end{bmatrix} .$$
(36)

Nach Umordnung ergibt sich

$$\frac{i}{k} \frac{\partial |A}{\partial z} = |A \begin{pmatrix} -T_{14} & 0 \\ 0 & 1 \end{pmatrix} |A + |A \begin{pmatrix} -T_{11} & -T_{12} \\ 0 & 0 \end{pmatrix} + \begin{pmatrix} T_{44} & 0 \\ T_{34} & 0 \end{pmatrix} |A + \begin{pmatrix} T_{41} & T_{42} \\ T_{31} & T_{32} \end{pmatrix} . \qquad (37)$$

Nach Integration dieser Differentialgleichung mit Hilfe eines Runge-Kutta-Verfahrens durch die Ionosphäre erhält man den Wert der Admittanzmatrix am Unterrand der Ionosphäre. Daraus läßt sich die Reflexionskoeffizientenmatrix errechnen. Vor Ausführung der Integration muß der Anfangswert oberhalb der Ionosphäre bestimmt werden.

2.5 Der Anfangswert

Eine wesentliche Verkleinerung des Rechenaufwandes für die Integration der Differentialgleichungen erzielt man, wenn man die von VOLLAND [1963] gezeigte Tatsache berücksichtigt, daß Längstwellen nur mit einem Bruchteil ihrer Energie in höhere Ionosphärenschichten eindringen. Es kann dann die Veränderung der Reflexionsfaktoren der Gesamtionosphäre durch die Reflexion dieses geringen Bruchteils der Wellenenergie in dem Gebiet der Ionosphäre oberhalb einer geeignet gewählten Höhe vernachlässigt werden. Man bestimmt also den Anfangswert der Admittanzmatrix in dieser Grenzhöhe aus den beiden verschieden polarisierten hinauflaufenden Wellen in dieser Höhe und startet dann die Integration erst von hier aus nach unten.

Dazu denkt man sich vorübergehend die gesamte mit der Höhe stark veränderliche Ionosphäre durch ein homogenes Medium mit den Eigenschaften dieser Grenzhöhe ersetzt. Zu bestimmen ist der Anfangswert der Admittanzmatrix, der unter Vernachlässigung von abwärts laufenden Wellen (entsprechend dem geringen Bruchteil von Wellen die oberhalb der Grenzhöhe in der wirklichen Ionosphäre noch reflektiert werden) den in der Grenzhöhe aufwärts laufenden Wellen entspricht. Das geschieht, indem man von einem hinreichend genauen Näherungswert ausgehend solange abwärts integriert, bis man eine auch bei fortgeführter Integration hinreichend konstante Admittanzmatrix ermittelt hat. Diese ist der wahre Anfangswert für die vorgegebene Grenzhöhe.

Physikalisch kann man das Verfahren folgendermaßen deuten: Der (ein wenig) falsche Näherungsanfangswert entspricht zwei hinauflaufenden Wellen, denen ein geringer Anteil hinablaufender Wellen beigemischt ist. Bei Integration im homogenen, den Eigenschaften der Grenzhöhe entsprechenden Medium nach unten klingen die hinablaufenden Wellen ab, während die gewünschten hinauflaufenden Wellen angeregt werden. Nach genügend vielen Integrationsschritten ist der Anteil der hinablaufenden Wellen gegenüber den hinauflaufenden Wellen zu vernachlässigen.

Der Näherungsanfangswert für senkrechten Einfall ergibt sich aus den zwei hinauflaufenden WKB-Lösungen (Wentzel, Kramers, Brillouin). Diese lauten nach BUDDEN [1961]

(1) (2)

$$E_x = -\left\{2(\rho_o^2-1)n_o\right\}^{-1/2} e^{-ik\int^z n_o dz} \qquad E_x = -i\rho_o \left\{2(\rho_o^2-1)n_x\right\}^{-1/2} e^{-ik\int^z n_x dz} \quad (38)$$

$$E_y = -\rho_o \left\{2(\rho_o^2-1)n_o\right\}^{-1/2} e^{-ik\int^z n_o dz} \qquad E_y = -i \left\{2(\rho_o^2-1)n_x\right\}^{-1/2} e^{-ik\int^z n_x dz} \quad (39)$$

$$Z_o H_x = \rho_o n_o^{1/2} \left\{2(\rho_o^2-1)\right\}^{-1/2} e^{-ik\int^z n_o dz} \qquad Z_o H_x = i n_x^{1/2} \left\{2(\rho_o^2-1)\right\}^{-1/2} e^{-ik\int^z n_x dz} \quad (40)$$

$$Z_o H_y = -n_o^{1/2} \left\{2(\rho_o^2-1)\right\}^{-1/2} e^{-ik\int^z n_o dz} \qquad Z_o H_y = -i \rho_o n_x^{1/2} \left\{2(\rho_o^2-1)\right\}^{-1/2} e^{-ik\int^z n_x dz}. \quad (41)$$

Gleichung (30) gilt natürlich bei zwei unabhängigen, verschieden polarisierten Wellen 1 und 2 für beide Wellen. Sie lautet dann:

$$Z_o \begin{bmatrix} H_y^{(1)} & H_y^{(2)} \\ H_x^{(1)} & H_x^{(2)} \end{bmatrix} = |A \begin{bmatrix} E_x^{(1)} & E_x^{(2)} \\ E_y^{(1)} & E_y^{(2)} \end{bmatrix}. \qquad (42)$$

Daraus ergibt sich mit $\rho_o \rho_x = 1$ und den Gleichungen (38) bis (41)

$$|A_o = \frac{1}{\rho_o - \rho_x} \begin{bmatrix} \rho_o n_x - \rho_x n_o & n_o - n_x \\ n_o - n_x & \rho_x n_x - \rho_o n_o \end{bmatrix}. \qquad (43)$$

Über die Polarisation der Wellen kann man mit Hilfe der Polarisationsgleichung BUDDEN [1961, S. 49]

$$\rho_{o,x}^2 - i \frac{Y_T^2}{Y_L (1 - X - iZ)} \rho_{o,x} + 1 = 0 \qquad (44)$$

eine gute Abschätzung gewinnen.

Wählt man als Anfangshöhe für die Integration eine Höhe mit hinreichend großer Elektronendichte, so daß X in der Größenordnung von 1000 liegt, erkennt man, daß bei senkrechtem Einfall über Mitteleuropa

$$\left| \frac{Y_T^2}{Y_L} \right| \ll \left| 1 - X - iZ \right|, \qquad (45)$$

daß also die Polarisation näherungsweise konstant ist. Es ergibt sich

$$\rho_x \approx - \rho_o \approx i. \qquad (46)$$

Damit erhält man schließlich für das Quadrat des Brechungsindex wie bei BUDDEN [1961, S. 488]

$$n_{o,x}^2 = 1 - \frac{X}{1 - iZ \pm Y_L}. \qquad (47)$$

Vernachlässigt man weiterhin im Nenner die 1 und den Wert von Z gegen Y_L, was bei großen Höhen zulässig ist, da die Stoßzahl etwa exponentiell abfällt, und berücksichtigt, daß wegen des großen Wertes von X auch $X/Y_L \gg 1$, erhält man mit

$$n_o = - i \sqrt{\frac{X}{Y_L}} \qquad n_x = \sqrt{\frac{X}{Y_L}} \qquad (48)$$

als Näherung für den Anfangswert bei senkrechtem Einfall

$$|A_o = \frac{1}{2} \sqrt{\frac{X}{Y_L}} \begin{bmatrix} 1 - i & 1 - i \\ 1 - i & -1 + i \end{bmatrix}. \qquad (49)$$

Wie oben beschrieben, läßt sich aus diesem Näherungsanfangswert für senkrechten Einfall der wahre Anfangswert mit beliebiger Genauigkeit bestimmen. Für eine weitere von senkrechtem Einfall nur wenig verschiedene Einfallsrichtung benutzt man dann den soeben bestimmten Wert als Näherungsanfangswert, um den wahren Anfangswert für diesen Einfallswinkel zu bestimmen. In gleicher Weise dient für jeden folgenden Einfallswinkel der wahre Anfangswert des vorigen Einfallswinkels als neuer Näherungsanfangswert.

2.6 Die Reflexionskoeffizientenmatrix

Hat man die Admittanzmatrix für eine beliebige Bezugshöhe unterhalb der Unterkante der Ionosphäre durch Integration der gekoppelten Differentialgleichungen bis zu dieser Bezugshöhe ermittelt, kann man daraus in einfacher Weise die Reflexionskoeffizientenmatrix gewinnen. Zur Herleitung der dafür gültigen Beziehung betrachten wir noch einmal das Feld einer stehenden Welle unterhalb der Ionosphäre. Dies setzt sich aus einer i.a. elliptisch polarisierten aufwärts und abwärts laufenden Welle zusammen. Da die Ausbreitungsebene physikalisch ausgezeichnet ist, zerlegen wir diese Wellen in ihre normalen Komponenten (E-Vektor in der Ausbreitungsebene) und in ihre anormalen Komponenten (E-Vektor senkrecht zur Ausbreitungsebene). Bezeichnet man mit F den Betrag der Amplitude der elektrischen bzw. der mit Z_o multiplizierten magnetischen Feldstärke, so gilt für die x- und y-Komponenten der nach oben laufenden Welle

$$
\begin{array}{ll}
\text{normale Komponenten} & \text{anormale Komponenten} \\
E_{xno} = F_{no} \cos\vartheta & E_{xao} = 0 \\
E_{yno} = 0 & E_{yao} = F_{ao} \\
Z_o H_{xno} = 0 & Z_o H_{xao} = -F_{ao} \cos\vartheta \\
Z_o H_{yno} = F_{no} & Z_o H_{yao} = 0 .
\end{array}
\qquad (50)
$$

Analog gilt für die entsprechenden Komponenten der nach unten laufenden Welle

$$
\begin{array}{ll}
\text{normale Komponenten} & \text{anormale Komponenten} \\
E_{xnu} = -F_{nu} \cos\vartheta & E_{xau} = 0 \\
E_{ynu} = 0 & E_{yau} = F_{au} \\
Z_o H_{xnu} = 0 & Z_o H_{xau} = F_{au} \cos\vartheta \\
Z_o H_{ynu} = F_{nu} & Z_o H_{yau} = 0 .
\end{array}
\qquad (51)
$$

Dabei bedeuten die Indizes
$$
\begin{array}{rl}
n = & \text{normal} \\
a = & \text{anormal} \\
o = & \text{nach oben laufend} \\
u = & \text{nach unten laufend}
\end{array}
$$

und ϑ den Einfallswinkel der nach oben bzw. nach unten laufenden Wellen. Für die Komponenten des resultierenden Feldes gilt:

$$
\begin{bmatrix} E_x \\ E_y \\ Z_o H_x \\ Z_o H_y \end{bmatrix} = \begin{bmatrix} \cos\vartheta \\ 0 \\ 0 \\ 1 \end{bmatrix} F_{no} + \begin{bmatrix} 0 \\ 1 \\ -\cos\vartheta \\ 0 \end{bmatrix} F_{ao} + \begin{bmatrix} -\cos\vartheta \\ 0 \\ 0 \\ 1 \end{bmatrix} F_{nu} + \begin{bmatrix} 0 \\ 1 \\ \cos\vartheta \\ 0 \end{bmatrix} F_{au} . \qquad (52)
$$

2.6

Gleichung (52) läßt sich als Matrizengleichung umschreiben und lautet dann:

$$\begin{bmatrix} E_x \\ E_y \\ Z_o H_x \\ Z_o H_y \end{bmatrix} = \begin{bmatrix} \cos\vartheta & 0 & -\cos\vartheta & 1 \\ 0 & 1 & 0 & 1 \\ 0 & -\cos\vartheta & 0 & \cos\vartheta \\ 1 & 0 & 1 & 0 \end{bmatrix} \begin{bmatrix} F_{no} \\ F_{ao} \\ F_{nu} \\ F_{au} \end{bmatrix} . \qquad (52a)$$

Auflösung nach $\mathbb{F}$ liefert

$$\begin{bmatrix} F_{no} \\ F_{ao} \\ F_{nu} \\ F_{au} \end{bmatrix} = \frac{1}{2} \begin{bmatrix} \frac{1}{\cos\vartheta} & 0 & 0 & 1 \\ 0 & 1 & -\frac{1}{\cos\vartheta} & 0 \\ -\frac{1}{\cos\vartheta} & 0 & 0 & 1 \\ 0 & 1 & \frac{1}{\cos\vartheta} & 0 \end{bmatrix} \begin{bmatrix} E_x \\ E_y \\ Z_o H_x \\ Z_o H_y \end{bmatrix} . \qquad (53)$$

Dieselbe Herleitung gilt natürlich auch für eine zweite unabhängige Lösung (physikalisch durch eine andere Polarisation beschrieben), so daß man schreiben kann:

$$\begin{bmatrix} F_{no}^{(1)} & F_{no}^{(2)} \\ F_{ao}^{(1)} & F_{ao}^{(2)} \\ \hline F_{nu}^{(1)} & F_{nu}^{(2)} \\ F_{au}^{(1)} & F_{au}^{(2)} \end{bmatrix} = \frac{1}{2} \left[\begin{array}{cc|cc} \frac{1}{\cos\vartheta} & 0 & 0 & 1 \\ 0 & 1 & -\frac{1}{\cos\vartheta} & 0 \\ \hline -\frac{1}{\cos\vartheta} & 0 & 0 & 1 \\ 0 & 1 & \frac{1}{\cos\vartheta} & 0 \end{array} \right] \begin{bmatrix} E_x^{(1)} & E_x^{(2)} \\ E_y^{(1)} & E_y^{(2)} \\ \hline Z_o H_x^{(1)} & Z_o H_x^{(2)} \\ Z_o H_y^{(1)} & Z_o H_y^{(2)} \end{bmatrix} . \qquad (53a)$$

Diese Gleichung läßt sich in zwei Matrizengleichungen für die nach oben und nach unten laufenden Wellen aufspalten

$$\begin{bmatrix} F_{no}^{(1)} & F_{no}^{(2)} \\ F_{ao}^{(1)} & F_{ao}^{(2)} \end{bmatrix} = \frac{1}{2}\begin{bmatrix} \frac{1}{\cos\vartheta} & 0 \\ 0 & 1 \end{bmatrix}\begin{bmatrix} E_x^{(1)} & E_x^{(2)} \\ E_y^{(1)} & E_y^{(2)} \end{bmatrix} + \frac{1}{2}\begin{bmatrix} 1 & 0 \\ 0 & -\frac{1}{\cos\vartheta} \end{bmatrix}\begin{bmatrix} Z_o H_y^{(1)} & Z_o H_y^{(2)} \\ Z_o H_x^{(1)} & Z_o H_x^{(2)} \end{bmatrix} \qquad (54)$$

$$\begin{bmatrix} F_{nu}^{(1)} & F_{nu}^{(2)} \\ F_{au}^{(1)} & F_{au}^{(2)} \end{bmatrix} = \frac{1}{2}\begin{bmatrix} -\frac{1}{\cos\vartheta} & 0 \\ 0 & 1 \end{bmatrix}\begin{bmatrix} E_x^{(1)} & E_x^{(2)} \\ E_y^{(1)} & E_y^{(2)} \end{bmatrix} + \frac{1}{2}\begin{bmatrix} 1 & 0 \\ 0 & \frac{1}{\cos\vartheta} \end{bmatrix}\begin{bmatrix} Z_o H_y^{(1)} & Z_o H_y^{(2)} \\ Z_o H_x^{(1)} & Z_o H_x^{(2)} \end{bmatrix} . \qquad (55)$$

Wegen (42) kann man aus beiden Gleichungen $Z_o H$ eliminieren. Definitionsgemäß ermöglicht die Reflexionskoeffizientenmatrix die Berechnung der nach unten laufenden Wellen aus den nach oben laufenden Wellen nach der Formel

$$|F_u = |R\ |F_o\ . \qquad (56)$$

Daher sind nach Multiplikation von Gleichung (54) mit $|R$ die beiden linken Seiten gleich. Entsprechend liefert das Gleichsetzen der rechten Seiten unter Verwendung von (42)

$$|R \begin{bmatrix} \frac{1}{\cos\vartheta} & 0 \\ 0 & 1 \end{bmatrix} \underline{E} + |R \begin{bmatrix} 1 & 0 \\ 0 & -\frac{1}{\cos\vartheta} \end{bmatrix} |A\ \underline{E} = \begin{bmatrix} -\frac{1}{\cos\vartheta} & 0 \\ 0 & 1 \end{bmatrix} \underline{E} + \begin{bmatrix} 1 & 0 \\ 0 & \frac{1}{\cos\vartheta} \end{bmatrix} |A\ \underline{E}\ . \qquad (57)$$

Multiplikation mit $|E^{-1}$ und Zusammenfassen ergibt

$$|R \begin{bmatrix} \frac{1}{\cos\vartheta} + A_{11} & A_{12} \\ -\frac{1}{\cos\vartheta} \cdot A_{21} & 1 - \frac{A_{22}}{\cos\vartheta} \end{bmatrix} = \begin{bmatrix} -\frac{1}{\cos\vartheta} + A_{11} & A_{12} \\ \frac{A_{21}}{\cos\vartheta} & 1 + \frac{A_{22}}{\cos\vartheta} \end{bmatrix}\ . \qquad (58)$$

Multiplikation mit $\begin{bmatrix} -\cos\vartheta & 0 \\ 0 & 1 \end{bmatrix}$ und Addition sowie Subtraktion von $\begin{bmatrix} 2 & 0 \\ 0 & 2 \end{bmatrix}$ auf der rechten Seite liefert

$$|R \begin{bmatrix} -1-\cos\vartheta \cdot A_{11} & A_{12} \\ A_{21} & 1 - \frac{A_{22}}{\cos\vartheta} \end{bmatrix} = \begin{bmatrix} -1-\cos\vartheta \cdot A_{11} & A_{12} \\ -A_{21} & -1 + \frac{A_{22}}{\cos\vartheta} \end{bmatrix} + \begin{bmatrix} 2 & 0 \\ 0 & 2 \end{bmatrix}\ . \qquad (58a)$$

Die erste Matrix der rechten Seite läßt sich in ein Matrizenprodukt zerlegen:

$$\begin{bmatrix} 1 & 0 \\ 0 & -1 \end{bmatrix} \begin{bmatrix} -1-\cos\vartheta \cdot A_{11} & A_{12} \\ A_{21} & 1 - \frac{A_{22}}{\cos\vartheta} \end{bmatrix}\ . \qquad (59)$$

In Übereinstimmung mit BUDDEN [1961, S. 497] erhält man

$$|R = \begin{bmatrix} 1 & 0 \\ 0 & -1 \end{bmatrix} + 2 \cdot \begin{bmatrix} -1-\cos\vartheta \cdot A_{11} & A_{12} \\ A_{21} & 1 - \frac{A_{22}}{\cos\vartheta} \end{bmatrix}^{-1}\ . \qquad (60)$$

2.7 Numerische Integration

Da im Differentialgleichungssystem für |A sowohl |A als auch |A' komplexe Zahlen darstellen, entspricht dies einem System von acht reellen, gekoppelten, nichtlinearen, gewöhnlichen Differentialgleichungen erster Ordnung. Solch ein System kann mit einem Elektronenrechner durch ein Runge-Kutta-Verfahren schrittweise integriert werden. Dabei ist die Schrittweite von entscheidender Bedeutung. Eine zu große Schrittweite bedingt große Fehler vor allem in Gebieten mit schnell veränderlichen Differentialquotienten. Jedoch auch eine zu kleine Schrittweite ist ungünstig, da dann der Integrationsprozeß in sehr vielen Schritten durchgeführt werden muß. Das bedingt wegen der endlichen Genauigkeit der Rechenmaschine eine Zunahme der Rundungsfehler. Die in Göttingen verwendete IBM 7040 hat bei Gleitkommarechnung eine Genauigkeit von etwa acht dezimalen Ziffern. Gleichzeitig bedingt eine kleine Schrittweite unnötig hohen Rechenaufwand in Gebieten mit langsam veränderlichen Differentialquotienten.

Ein von RIES [1964] benutztes, am Deutschen Rechenzentrum verfügbares Verfahren nach MERSON [1958] verwendet daher eine variable Schrittweite, wobei die Schrittweite so bestimmt wird, daß der Fehler bei jedem Schritt innerhalb vorgegebener Grenzen bleibt. Damit erreicht man, daß in Gebieten mit schnell veränderlichen Differentialquotienten eine kleine, dagegen in Gebieten mit langsam sich ändernden Differentialquotienten eine größere Schrittweite verwendet wird. Auf diese Weise führt man unter Einhaltung bekannter Fehlergrenzen eine minimale Anzahl von Integrationen durch und hält so die Kosten für die Rechenzeit ebenso wie die Rundungsfehler möglichst klein.

2.8 Das Erdmagnetfeld

Die Elemente der T-Matrix sind von den physikalischen Eigenschaften des betrachteten Bereiches, das heißt von der Elektronendichte, der Stoßzahl und von Richtung und Betrag des Erdmagnetfeldes abhängig. Dieses kann man näherungsweise durch das Feld eines magnetischen Dipols im Erdmittelpunkt mit einer Neigung der Dipolachse gegen die Drehachse der Erde von $11,5°$ beschreiben. Da der Betrag der Feldstärke eines Dipols der dritten Potenz des Abstandes umgekehrt proportional ist, kann man den Betrag der Feldstärke im Höhenbereich 50 - 100 km über der Erdoberfläche mit guter Genauigkeit als konstant ansehen. Für das Gebiet zwischen Lindau und dem englischen Längstwellensender Rugby beträgt die Totalintensität etwa $B_o = 4,5 \cdot 10^{-5}$ Vsec/m^2. Der Großkreis Rugby-Lindau geht durch Rugby unter einem Winkel von $93°$ gegen Nord nach Osten, durch Lindau unter einem Winkel von etwa $100°$. Nach LANDOLT-BÖRNSTEIN [1952] erhält man durch Extrapolation für 1965 für beide Orte eine Deklination von $-7°$ bzw. $-2°$, so daß sich für die Ausbreitungsrichtung gegen den magnetischen Meridian $100°$ bzw. $102°$ ergibt. Für die Inklination findet man $65,5°$ bzw. $65,9°$.

Da die Abhängigkeit der Reflexionskoeffizientenmatrix von Änderungen des Schnittwinkels zwischen Ausbreitungsrichtung und Magnetfeld nur gering ist, und die Ergebnisse infolgedessen für einen längeren Zeitraum mit Änderungen von Deklination und Inklination sowie für einen größeren Winkelbereich gültig sind, wurden folgende gerundeten Werte für die Berechnung verwendet:

Schnittwinkel zwischen Ausbreitungsebene und magnetischem Meridian, gerechnet von Nord nach Ost	$100°$
Inklination	$65°$.

2.9 Das Stoßzahlprofil

Nach einer Arbeit von THRANE und PIGOTT [1966] und nach Messungen von MECHTLY und SMITH [1968] scheint ein linearer Zusammenhang zwischen der Stoßzahl für monoenergetische Elektronen der Energie kT und dem Druck gesichert. Dabei ist T die Elektronentemperatur und k die Boltzmannkonstante. Für die Elektronentemperatur kann im Gebiet der D-Schicht und der unteren E-Schicht wegen der großen Stoßzahl derselbe Wert wie für das Neutralgas angenommen werden. Der Proportionalitätsfaktor wird von MECHTLY und SMITH [1968] in Übereinstimmung mit einer Arbeit von RENARD [1966] zu $6,7 \cdot 10^5$ angegeben bei einer Messung des Druckes in N/m^2. Abb. 1 zeigt für $60°$ nördlicher Breite die Stoßzahlprofile für v_m, die man unter Verwendung der obigen Beziehung aus den Daten der CIRA-Normalatmosphäre CIRA [1965] für den ersten Januar und den ersten Juli gewinnt. Weiterhin sind daraus abgeleitete Kurven für v und ein von BARRON [1961] verwendetes Stoßzahlprofil eingezeichnet.

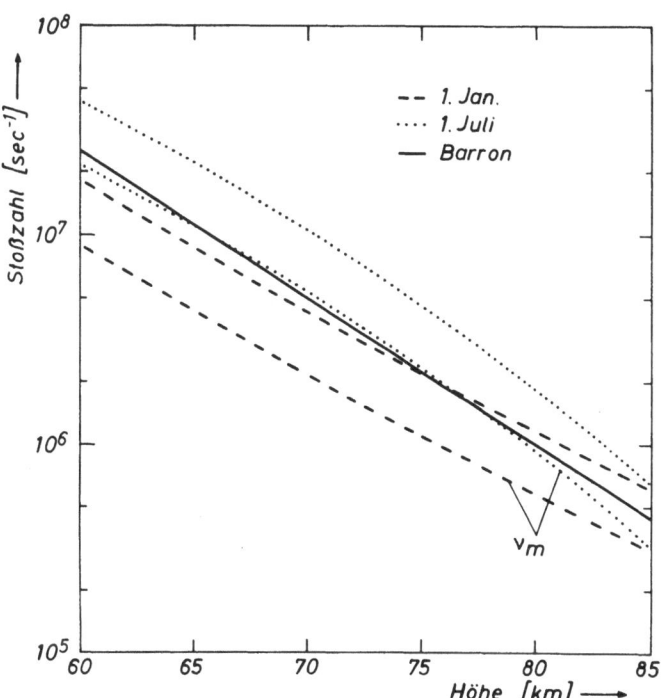

Abb. 1: Höhenabhängigkeit der Stoßzahl v_m und v nach CIRA-Daten [1965] und nach BARRON [1961].

SEN und WYLLER [1960] haben gezeigt, daß die klassische APPLETON-HARTREE-Theorie näherungsweise gültig bleibt, wenn man v durch αv_m ersetzt, wobei der Faktor α zwischen 1.5 und 2.5 liegt mit den Grenzfällen

$$v = 1.5 \, v_m \qquad v_m \gg \omega \pm \omega_H$$
$$\text{für}$$
$$v = 2.5 \, v_m \qquad v_m \ll \omega \pm \omega_H \, .$$

Obwohl im Bereich zwischen diesen Grenzfällen die verallgemeinerte Theorie von SEN und WYLLER verwendet werden sollte, erzielt man doch nach DEEKS [1966b] für sehr tiefe Frequenzen ($Y \gg 1$) gute Ergebnisse, wenn man die asymptotischen Werte durch eine stetige Kurve verbindet. Beispielsweise variiert bei DEEKS [1966b] für Werte von v_m zwischen $1,8 \cdot 10^7$ und $5 \cdot 10^5$ der Faktor α zur Berechnung von v zwischen 1,7 und 2,3. Um eine grobe Abschätzung für den möglichen Bereich der v zu erhalten, sind aus den Kurven für v_m unter Verwendung des Faktors $\alpha = 2,0$ die Kurven für v gewonnen worden.

BARRON [1961] verwendet ein exponentielles Stoßzahlgesetz

$$v = 4,303 \cdot 10^{11} e^{-z[km]/6,17} [sec^{-1}] \, . \tag{61}$$

Dieses ist als ausgezogene Gerade in Abb. 1 dargestellt. Die Abweichungen vom Winter-Profil für v sind nur gering, besonders im Bereich um 70 km Höhe. Die im weiteren Verlauf der Arbeit verwendeten Messungen der Feldstärke in Abhängigkeit von der Entfernung stammen aus einem Winterhalbjahr [STRATMANN, 1964]. Vor allem deshalb scheint das BARRONsche Stoßzahlprofil mit seiner Ähnlichkeit zur Winterkurve akzeptabel. Dieses Profil wurde auch von RIES [1964] benutzt. Da in dieser Arbeit das Rechenprogramm zur Integration der gekoppelten Differentialgleichungen der Wellenausbreitung in enger Anlehnung an das RIESsche Programm aufgestellt wurde, ergibt seine Verwendung weiterhin auch eine einfache Testmöglichkeit für die Richtigkeit des Programms durch Eingabe der RIESschen Elektronendichtewerte.

2.10 Das Elektronendichteprofil

Abb. 2 zeigt einige Elektronendichteprofile der D-Region in Abhängigkeit von der Tageszeit, die durch Partialreflexionsmessungen gewonnen wurden [THRANE et al., 1968].

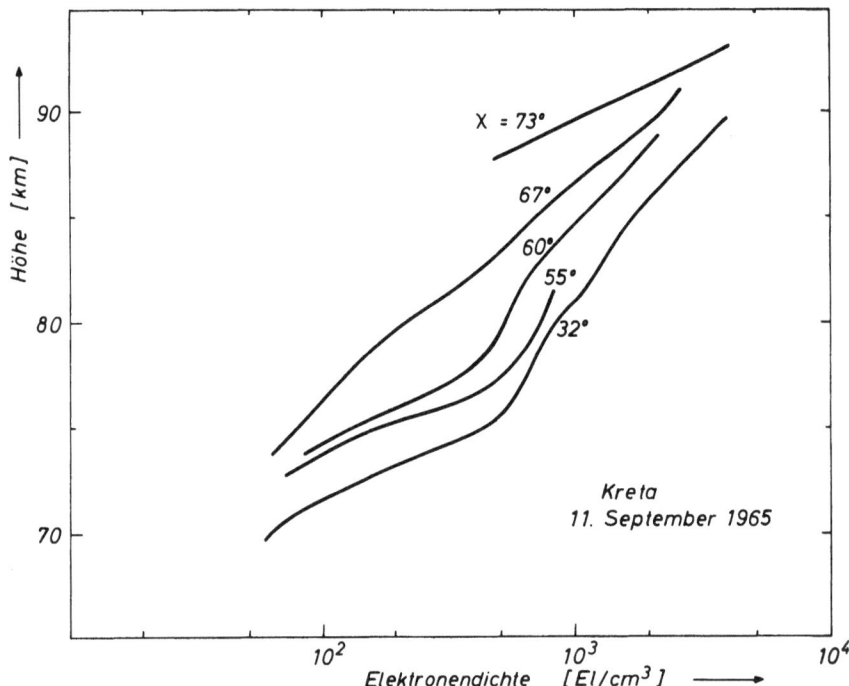

Abb. 2: Elektronendichteprofile nach Partialreflexionsmessungen von THRANE et al., [1968]. Parameter ist die Zenitdistanz der Sonne.

Berücksichtigt man die Tatsache, daß das für die Reflexion von Längstwellen einer bestimmten Frequenz maßgebliche Gebiet nur einen geringen Höhenbereich von wenigen km umfaßt, scheint die Annäherung des tatsächlichen Profils durch ein Stück einer Kurve mit exponentiellem Anstieg vernünftig. Mit dieser Annahme gilt also für die Abhängigkeit der Elektronendichte von der Höhe

$$N = N_o e^{z/H_S} . \tag{62}$$

Durch die Wahl eines solchen Elektronendichteprofils ist also die Zahl der Parameter auf zwei, nämlich die beiden willkürlichen Konstanten N_o und H_S, festgelegt. Diese Beschränkung der Zahl der Parameter schien besonders wichtig, weil damit eine übersichtliche Darstellung der Abhängigkeit gemessener oder berechneter Größen, beispielsweise der Amplitude eines Längstwellensenders, von diesen Parametern möglich ist.

Der Parameter H_S ist in einfacher Weise als Skalenhöhe verständlich und gibt ein Maß für den Gradienten des Elektronendichteprofils im Reflexionsgebiet. Um Tages- und Nachtverhältnisse zu erfassen, wurde H_S zwischen eins und acht variiert.

Der zweite Parameter N_o stellt nicht eine im Reflexionsgebiet direkt meßbare physikalische Größe dar. Er gibt die Elektronendichte in der Höhe z = 0 eines bis zum Erdboden exponentiell verlaufenden Elektronendichteprofils an, wird also durch Extrapolation einer nur gebietsweise korrekten Näherung errechnet. Als zweiter Parameter wurde daher die kritische Höhe H_{250} gewählt, die mit N_o in einfacher Weise zusammenhängt. Unter kritischer Höhe soll hier und im folgenden stets diejenige Höhe verstanden werden, in der die Elektronendichte $N = 250$ El/cm^3 beträgt. Sie ist durch die Bedingung $X = 1 + Y$ ausgezeichnet, die bei strahlentheoretischer Betrachtung die maximal erreichbare Höhe einer senkrecht einfallenden Welle charakterisiert. Obwohl bei Längstwellen die strahlentheoretische Behandlung nicht zulässig ist und eine numerische Lösung der Differentialgleichungen der Wellenausbreitung vorgenommen werden muß, kann die kritische Höhe nach Modellrechnungen von PITTEWAY [1964] als brauchbare Abschätzung für die Eindringtiefe in die Ionosphäre verwendet werden. Für den Zusammenhang mit der Größe N_o gilt:

$$N_o = 250 \, e^{-H_{250}/H_S} . \tag{63}$$

Damit läßt sich die Formel für das exponentielle Elektronendichteprofil umschreiben

$$N = e^{(z-H_{250})/H_S + \ln 250} . \tag{64}$$

Um den bisher aus anderen Darstellungen bekannten Höhenbereich für die Reflexionshöhe von etwa 70 bis 85 km Höhe zu erfassen, wurde der endgültig gewählte zweite Parameter kritische Höhe H_{250} innerhalb der Grenzen 65 bis 90 km variiert.

Es sei hier betont, daß dieser Parameter nur als grobe Abschätzung für das Gebiet diente, in dem der Hauptanteil der einfallenden Welle reflektiert wird. Die numerische Integration der Differentialgleichungen der Wellenausbreitung wurde für jedes Ionosphärenmodell von einem Gebiet mit $N = 2500$ El/cm^3 ausgehend bis zu einer Höhe von 50 km durchgeführt.

3. Berechnung des Wellenfeldes

Vor der Berechnung der Feldstärke eines Längstwellensenders nach Betrag und Phase muß zuerst eine Entscheidung über den interessierenden Entfernungsbereich getroffen werden, da sich hiernach die Rechenmethode richtet. Neben der Forderung nach horizontaler Gleichförmigkeit der Ionosphäre, die naturgemäß bei kleinen Entfernungsbereichen besser zu erfüllen ist, als wenn die Wellen auf große Strecken von der Ionosphäre geführt werden, spricht weiterhin für die Wahl eines Bereichs kleiner Entfernungen, daß hier die Beeinflussung durch die Eigenschaften der Erdoberfläche gering ist. Aus Konvergenzgründen wird damit die Wahl der strahlenoptischen Berechnungsmethode nahegelegt. Für deren Durchführung muß aus der Abhängigkeit der Reflexionskoeffizienten vom Einfallswinkel eine scheinbare Reflexionshöhe für jeden Einfallswinkel und jede Komponente der Reflexionsmatrix bestimmt werden. Entsprechend der Differenz zwischen dieser Reflexionshöhe und der ursprünglichen Bezugshöhe, für die die Phasenkurven der Reflexionskoeffizientenmatrix berechnet wurden, sind diese zu korrigieren. Ausgehend von der Strahlensumme bei ebener Erde und ebener isotroper Ionosphäre kann eine Erweiterung für die anisotrope Ionosphäre mit einfallswinkelabhängiger und für die einzelnen Reflexionskoeffizienten verschiedener Reflexionshöhe vorgenommen werden. Die Berücksichtigung der Erdkrümmung liefert eine Korrektur für die Amplitude und Phase der Bodenwelle, die Krümmung der Ionosphäre bedingt einen zusätzlichen, rein geometrisch bedingten Konvergenzfaktor zur Korrektur der Raumwellenamplituden. Es ergeben sich bei Variation der Entfernung für ein bestimmtes Ionosphärenmodell Feldstärkeentfernungskurven und bei Variation der Ionosphärenparameter für eine feste Entfernung Feldstärkegebirge für diese Entfernung.

3.1 Wahl des Entfernungsbereichs

Diese Arbeit soll theoretische Grundlagen für ein Verfahren zur kontinuierlichen Beobachtung der tiefen Ionosphäre mit Hilfe von Längstwellen untersuchen. Es ist daher vor allem notwendig, den richtigen Entfernungsbereich auszuwählen. Wichtigstes Kriterium dafür ist die Tatsache, daß die Längstwellen auf ihrem Weg vom Sender zum Empfänger zwischen den Wänden Erde und Ionosphäre geführt werden. Es ist daher stets eine Beeinflussung der Ausbreitung durch beide Wände gegeben. Der Entfernungsbereich ist demnach möglichst so auszuwählen, daß folgende Bedingungen erfüllt werden:

1. Veränderungen nichtionosphärischer Parameter, beispielsweise der Erdoberfläche, durch meteorologische Einflüsse sollen möglichst geringe Einflüsse auf die zu registrierenden Größen haben.

2. Veränderungen ionosphärischer Parameter sollen möglichst deutlich meßbare Veränderungen der registrierten Größen bewirken.

3.1.1 Einfluß der Erdoberfläche

Zuerst ist also zu prüfen, wieweit der Einfluß der Erdoberfläche durch geeignete Wahl des Entfernungsbereichs reduziert oder quantitativ erfaßt werden kann.

Maßgebend für die Reflexionseigenschaften eines Materials gegenüber elektrischen Wellen sind die relative Dielektrizitätskonstante ε_r, die Permeabilitätskonstante μ_r und die elektrische Leitfähigkeit σ. Abgesehen von wenigen Materialien, ist die rel. Permeabilitätskonstante mit guter Genauigkeit gleich eins. ε_r und σ dagegen variieren in weiten Grenzen. Nach LANDOLT-BÖRNSTEIN [1952] findet man für die obersten sedimentären Schichten der Erdoberfläche Werte der elektrischen Leitfähigkeit zwischen $0.25 \cdot 10^{-2}$ S/m und $2.5 \cdot 10^{-2}$ S/m mit einem Durchschnittswert für diluviale Schichten großer Mächtig-

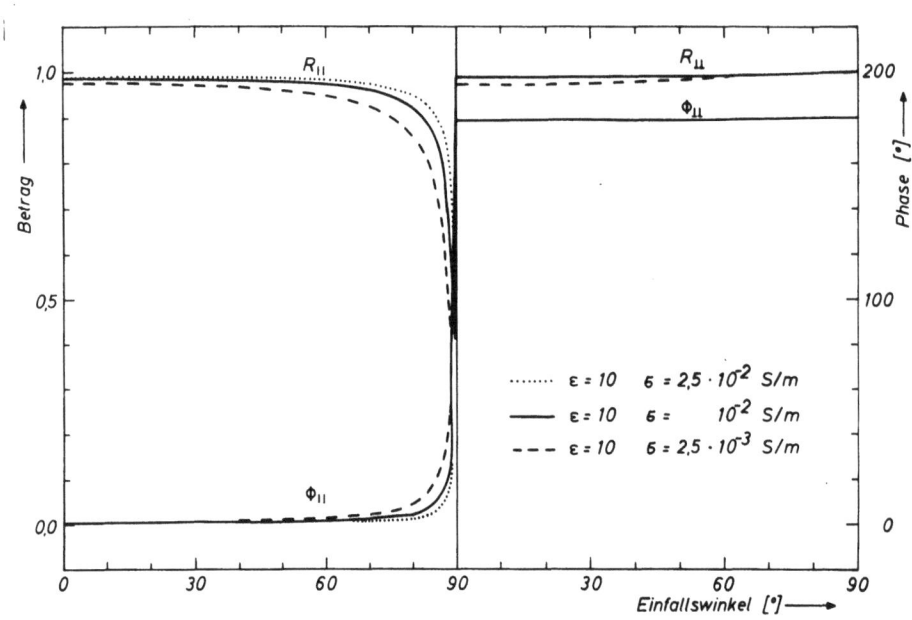

Abb. 3: Fresnelsche Reflexionskoeffizienten für einen Reflektor mit einer relativen Dielektrizitätskonstanten $\varepsilon = 10$ und Leitfähigkeiten zwischen $\sigma = 2.5 \cdot 10^{-3}$ S/m und $2.5 \cdot 10^{-2}$ S/m.

keit von 10^{-2} S/m. Die relative Dielektrizitätskonstante liegt in der Gegend von 10 mit Schwankungen zwischen 7 und 40. Abb. 3 zeigt die Fresnelschen Reflexionskoeffizienten eines Materials mit der Leitfähigkeit $\sigma = 10^{-2}$ S/m und der Dielektrizitätskonstanten $\varepsilon_r = 10$ für E- und H-Wellen. Die zusätzlich eingezeichnete gestrichelte Kurve gilt für einen Wert von $\sigma = 0.25 \cdot 10^{-2}$ S/m, die gepunktete für $\sigma = 2.5 \cdot 10^{-2}$ S/m. Eine Veränderung von ε_r zwischen 5 und 20 zeigt keine in dieser Darstellung erkennbaren Abweichungen von den gezeichneten Kurven.

Man erkennt, daß das BREWSTER-ZENNECK-Minimum bei Einfallswinkeln größer als $85°$ liegt und daß für Einfallswinkel $< 80°$ die obersten Schichten der Erde näherungsweise durch einen ideal reflektierenden Leiter mit unendlich hoher Leitfähigkeit ersetzt werden können. Dabei ist diese Näherung um so besser, je kleiner der Einfallswinkel wird.

Obwohl mit zunehmender Tiefe σ um mehrere Zehnerpotenzen variiert, sind für die Reflexion von Längstwellen nur die obersten Schichten maßgebend. Dies zeigt folgende Abschätzung für senkrecht einfallende, ebene Wellen. Abweichend vom übrigen Text wird hier z positiv nach unten angenommen. Es gilt:

$$\underline{E} = \underline{E}_o \, e^{-ikz} \tag{65}$$

mit

$$k = k_o \sqrt{\varepsilon_r - \frac{i\,\sigma}{\varepsilon_o \omega}} \quad . \tag{66}$$

Bei der Eindringtiefe, die durch den Abfall der Amplitude auf den e-ten Teil definiert ist, muß der Realteil des Exponenten von (65) gerade den Wert -1 annehmen

$$\mathrm{Re}\,(-ikz) = -i\,\mathrm{Im}\,(kz) = -1 \quad . \tag{67}$$

Mit Werten von σ zwischen $2.5 \cdot 10^{-3}$ S/m und $2.5 \cdot 10^{-2}$ S/m ist für Frequenzen unterhalb 30 kHz stets

$$\left|\frac{\sigma}{\varepsilon_o \omega}\right| \gg \varepsilon_r \tag{68}$$

und damit der Radikand von (66) fast rein imaginär. Man erhält also für die komplexe Wellenzahl

$$k = k_o \sqrt{\frac{\sigma}{2\varepsilon_o \omega}} \, (1+i) \quad . \tag{66a}$$

Einsetzen in (67) liefert für die Eindringtiefe

$$z_{1/e} = \frac{1}{2\pi} \sqrt{\frac{10^7}{f \cdot \sigma}} \quad [\text{f in Hz}, \sigma \text{ in S/m}] \quad . \tag{69}$$

Damit ergibt sich zu den vorgegebenen Daten folgende Tabelle:

Tabelle 1

f	3			30			[kHz]
σ	$2.5 \cdot 10^{-3}$	10^{-2}	$2.5 \cdot 10^{-2}$	$2.5 \cdot 10^{-3}$	10^{-2}	$2.5 \cdot 10^{-2}$	[S/m]
$z_{1/e}$	180	92	58	58	29	18	[m]

3.1

In jeder Beziehung noch günstiger, was die Eindringtiefe, die horizontale Homogenität und die Ähnlichkeit mit einem ideal reflektierenden Leiter angeht, verhält sich das Meerwasser mit einer Leitfähigkeit von σ = 4 S/m und einer relativen Dielektrizitätskonstante von ε_r = 80 . Abb. 4 zeigt hierfür die Fresnelschen Reflexionskoeffizienten. Hier liegt das BREWSTER-ZENNECK-Minimum bei Einfallswinkeln größer als $89°\,55'$.

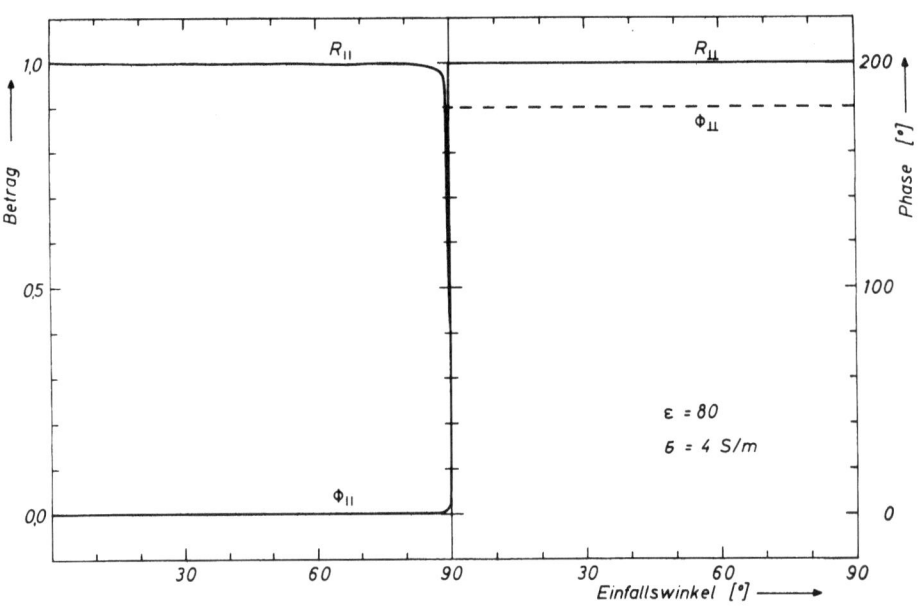

Abb. 4: Fresnelsche Reflexionskoeffizienten für Meerwasser.

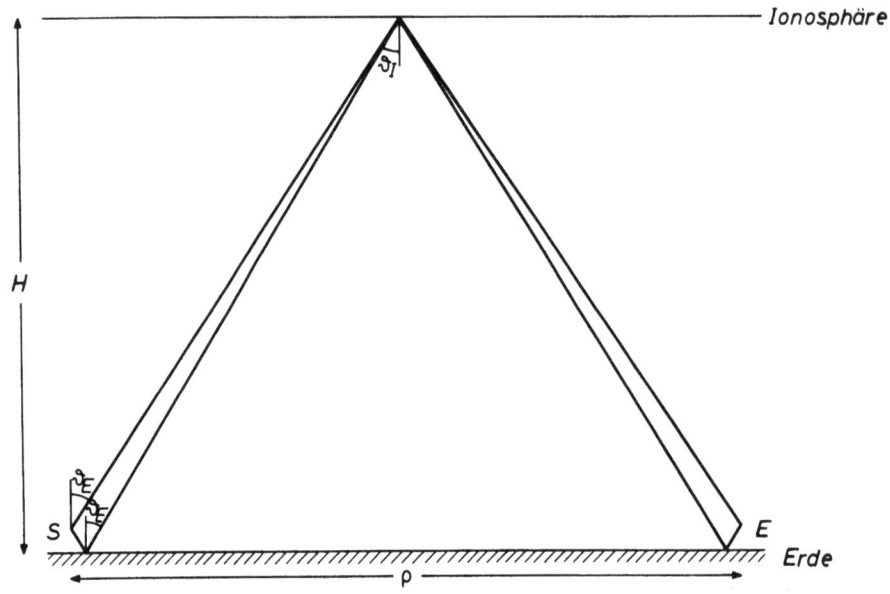

Abb. 5: Zusammenhang von Einfallswinkel auf die Ionosphäre ϑ_I und auf die Erdoberfläche ϑ_E mit Entfernung und Reflexionshöhe.

Wie man aus Abb. 3 und 4 erkennt, kann also im Längstwellenbereich für Einfallswinkel kleiner als $80°$ die Erdoberfläche durch einen ideal reflektierenden Leiter mit den Reflexionsfaktoren für E-Wellen $R_\parallel = 1$ und für H-Wellen $R_\perp = -1$ in guter Näherung ersetzt werden. Die Güte der Näherung steigt dabei mit abnehmendem Einfallswinkel. Daher sollte eine möglichst geringe Entfernung gewählt werden. Die größte zulässige Entfernung ergibt sich für den Fall einer einmaligen Reflexion und kann aus der Reflexionshöhe abgeschätzt werden. Dazu zeigt Abb. 5 den vereinfachten Fall der ebenen Erde und Ionosphäre. Man erkennt, daß auch bei einmaliger ionosphärischer Reflexion Reflexionen an der Erdoberfläche in unmittelbarer Nähe von Sender und Empfänger zu berücksichtigen sind. Für den Einfallswinkel auf der Erdoberfläche gilt bei Vernachlässigung der Höhe von Sende- und Empfangsantenne:

$$\vartheta_E = \vartheta_I \ . \tag{70}$$

Wegen

$$\operatorname{tg} \vartheta_I = \frac{\rho}{2H} \tag{71}$$

folgt daraus für die maximal zulässige Entfernung

$$\rho_{max} = 2H \operatorname{tg} \vartheta_I \ . \tag{72}$$

Mit einer abgeschätzten Reflexionshöhe $H = 70$ km und $\vartheta_{Imax} = 80°$ folgt daraus $\rho_{max} = 800$ km. Für wesentlich größere Entfernung wird der Einfallswinkel größer als der in Abb. 3 abgeschätzte maximal zulässige Einfallswinkel. Damit kommt er in bedenkliche Nähe zum BREWSTER-ZENNECK-Minimum, so daß

a) nicht mehr die Näherung für den Betrag des Reflexionsfaktors $R = 1$ gültig ist

b) dieser von 1 verschiedene Faktor stark vom Abstand zwischen Einfallswinkel und BREWSTER-Winkel und damit von den Materialkonstanten der Erdoberfläche abhängig wird.

3.1.2 Einfluß der Ionosphäre

Die oben aufgeführte Forderung 2 führt ebenfalls zu einer Begrenzung des günstigsten Entfernungsbereichs jedoch in diesem Fall zu kleinen Entfernungen hin. Die untere Grenze ist weniger durch prinzipielle als durch meßtechnische Gründe gegeben.

Bei kleinen Entfernungen ist die Raumwelle im Vergleich zur Amplitude der Bodenwelle aus drei Gründen klein:

a) Für steilen Einfall der Wellen auf die Ionosphäre erhält man in der Regel nur kleine Reflexionsfaktoren.

b) Auch für Raumwellen, die nur wenige Reflexionen erfahren haben, wie etwa die einmal reflektierte Welle, ist der Laufweg der Raumwelle bereits erheblich größer als der Laufweg der Bodenwelle, so daß die Amplitude der Raumwelle schon durch die optische Verdünnung klein gegen die Amplitude der Bodenwelle wird.

c) Mit abnehmender Entfernung macht sich neben der abgestrahlten Bodenwelle in zunehmendem Maße auch das induzierte und schließlich das statische Feld des Senders bemerkbar, so daß bei der Messung von elektrischen Feldern der Anteil der Raumwellen schnell kleiner wird.

Aus all diesen Gründen machen sich Veränderungen der Amplitude oder Phase der Raumwelle infolge ionosphärischer Einflüsse nur in geringem Maß durch Veränderungen von Amplitude oder Phase des Gesamtfeldes bemerkbar und erfordern daher eine größere Meßgenauigkeit. Mißt man nur die außerordentliche Komponente oder unterdrückt die Bodenwelle durch geeignete Antennen, dann ist es bei einer im Verhältnis zur Raumwelle großen Amplitude der Bodenwelle schwierig, einen genügend kleinen "Durchgriff" der Bodenwelle infolge von Streufeldern oder induzierten Feldern zu erreichen.

Als Kompromiß zwischen den oben aufgeführten Forderungen wurde der Entfernungsbereich 350 - 800 km gewählt. Dies ist der Bereich, in dem Bodenwelle und an der Ionosphäre reflektierte Raumwelle dem Betrage nach die gleiche Größenordnung besitzen. Gleichzeitig ist der Einfallswinkel noch so klein, daß die Erdoberfläche nur geringen Einfluß auf die Wellenausbreitung besitzt. Infolge der Interferenz aus zeitlich konstanter Bodenwelle und durch die Ionosphäre beeinflußter Raumwelle machen sich Veränderungen der Ionosphäre deutlich bemerkbar und können durch eine Kette von Meßstationen in verschiedenen Entfernungen vom Sender nachgewiesen werden. Derartige kontinuierliche Registrierungen der Gesamtfeldstärke des Senders GBR Rugby liegen von acht Stationen längs der Linie Rugby-Lindau aus dem Jahr 1962/63 vor [STRATMANN, 1964].

3.2 Wahl der Berechnungsmethode

Die Ausbreitung elektromagnetischer Wellen mit Wellenlängen von 10 km bis 100 km im Raum zwischen Erde und Ionosphäre kann durch die strahlenoptische und die wellenoptische Theorie beschrieben werden. Beide Verfahren unterscheiden sich hauptsächlich durch den Konvergenzbereich. Während die wellenoptische Theorie (Modetheorie) den Raum zwischen Erde und Ionosphäre als Wellenleiter auffaßt und für große Entfernungen schnell konvergierende Reihen liefert ($\rho > 500$ km), sieht die strahlenoptische Theorie Erdoberfläche und Ionosphäre als Spiegel an. Sie berechnet die Feldstärke an einem Ort als Summe von Bodenwelle und einfach bzw. mehrfach an diesen Spiegeln reflektierten Raumwellen. Dieses Verfahren ist besonders gut für kleine Entfernungen geeignet ($\rho < 1000$ km). Für den vereinfachten Fall ebener Erde und Ionosphäre hat VOLLAND [1966] gezeigt, daß beide Methoden im Überlappungsbereich ihrer Konvergenzgebiete zu gleichen Ergebnissen führen. JOHLER [1964] konnte diese Übereinstimmung auch für die gekrümmte Erde und Ionosphäre nachweisen.

Diese Arbeit sollte für einen Entfernungsbereich kleiner als 800 km durchgeführt werden, wobei die untere Grenze des Bereichs eventuell später noch näher an den Sender verschiebbar sein sollte. Daraus folgt zwangsläufig die Wahl der strahlenoptischen Methode. Das hat gleichzeitig den Vorteil, daß die Rechnungen ohne Änderungen des Programms auch für sehr viel kleinere Entfernungen durchgeführt werden können, falls eine Verbesserung oder Veränderung des Meßverfahrens die untere Grenze des Entfernungsbereichs wesentlich zum Sender hin verschiebt, während eine wesentliche Vergrößerung der Maximalentfernung aus prinzipiellen Gründen nicht zu erwarten ist.

3.3 Die scheinbare Reflexionshöhe

Durch Lösung der Differentialgleichungen der Ausbreitung ebener Wellen in einem bestimmten Ionosphärenmodell für verschiedene Einfallswinkel erhält man die Reflexionskoeffizientenmatrix in Abhängigkeit vom Einfallswinkel. Diese Reflexionskoeffizientenmatrix läßt sich durch acht Kurven darstellen. Die acht Kurven entsprechen den Beträgen und Phasen der vier Reflexionskoeffizienten $R_\parallel$, $R_\perp$, $R_{\parallel\perp}$ und $R_{\perp\parallel}$, bezogen auf eine willkürliche Bezugshöhe, die sich als die untere Grenze des Integrationsbereiches ergibt. Abb. 6 zeigt als Beispiel die Kurven für das Ionosphärenmodell, das durch die Parameter H_{250} = 70 km und H_S = 2 km charakterisiert ist.

Die soeben gezeigten Kurven wurden für den Fall einer Reflexion ebener Wellen errechnet. Die wirklich ausgestrahlten Wellen werden von einer Sendeantenne mit den Dimensionen in der Größenordnung

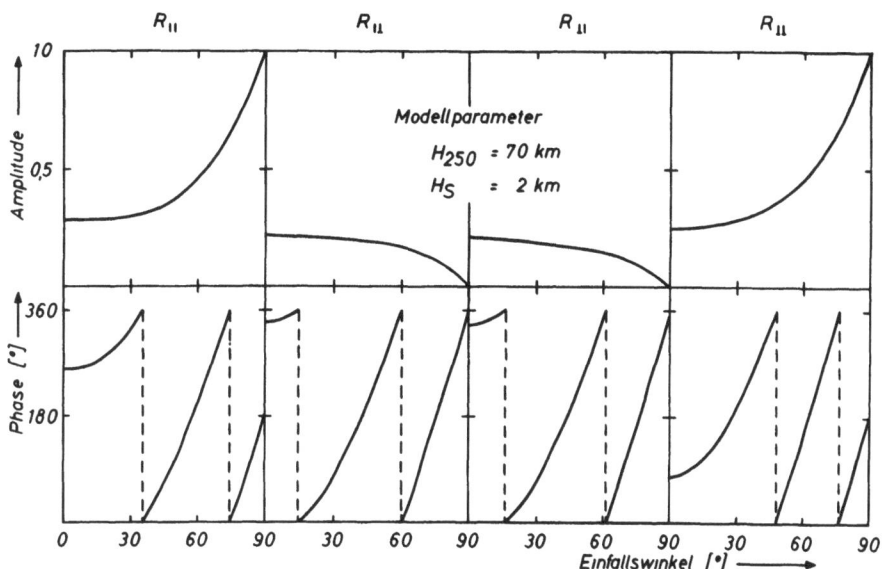

Abb. 6: Amplituden und Phasen der Reflexionskoeffizienten $R_{\|\|}$, $R_{\|\perp}$, $R_{\perp\|}$, $R_{\perp\perp}$ in Abhängigkeit vom Einfallswinkel (Bezugshöhe = 50 km).

einer Wellenlänge ausgesandt, so daß man in einer gegen die Wellenlänge großen Entfernung eine Kugelwelle vorliegen hat, deren Krümmung allerdings klein ist und mit zunehmender Entfernung vom Sender abnimmt. Weiterhin werden diese Kugelwellen natürlich nicht in der willkürlich angenommenen Bezugshöhe, in der näherungsweise die Elektronendichte 0 herrscht und damit für die Wellen Vakuum vorliegt, sondern irgendwo innerhalb der Ionosphäre reflektiert. Beide Tatsachen lassen sich berücksichtigen. Nach BUDDEN [1961] kann man eine Kugelwelle durch ein Doppelintegral über ebene, z.T. inhomogene Wellen darstellen. Unter den zwei Voraussetzungen, daß

1. die Entfernung der Region, wo die Reflexion stattfindet, vom Ursprungsort der Kugelwelle groß gegen die Wellenlänge ist, d.h. $kr \gg 1$ mit k = Wellenzahl, r = Entfernung vom Sender und

2. der Reflexionsfaktor in Abhängigkeit vom Einfallswinkel nur langsam veränderlich ist,

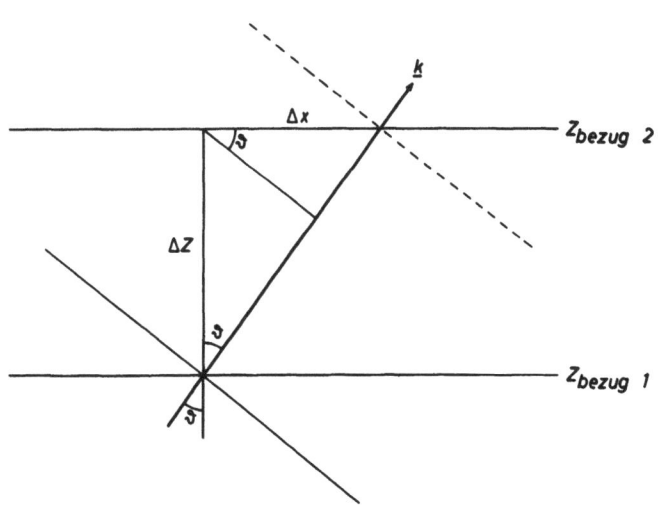

Abb. 7: Abhängigkeit des Phasenweges einer sich in k-Richtung ausbreitenden Welle von Änderungen der Bezugshöhe.

trägt für eine bestimmte Einfallsrichtung nur eine einzige dominierende ebene Welle zum reflektierten Feld bei. Kennt man die Richtung der Wellennormale dieser ebenen Welle gegen die Senkrechte, kann man den für ebene Wellen nach Betrag und Phase berechneten Reflexionsfaktor benutzen, um die Amplitude und Phase einer Kugelwelle nach Reflexion an der Ionosphäre zu errechnen. Das zur Bestimmung der Ausbreitungsrichtung der dominierenden Welle erforderliche Reflexionsniveau ergibt sich aus der Bedingung

$$\frac{\partial}{\partial \vartheta}\left\{\Phi(\vartheta)\right\}\bigg|_{\vartheta=\vartheta_e} = 0 \quad . \quad (73)$$

Die in Abb. 6 dargestellten Kurven für die Phasenwerte der Reflexionskoeffizientenmatrix gelten für eine willkürliche Bezugshöhe z_{bez1}. Wählt man stattdessen eine andere um Δz verschobene Bezugshöhe $z_{bez2} = z_{bez1} + \Delta z$, erhält man rein geometrisch nach Abb. 7 für die nach oben laufende Welle

$$\underline{E}_o (z_{bez2}) = \underline{E}_o (z_{bez1}) \, e^{-ik (\cos \vartheta \, \Delta z + \sin \vartheta \, \Delta x)} \quad . \tag{74}$$

Entsprechend gilt für die nach unten laufende Welle

$$\underline{E}_u (z_{bez2}) = \underline{E}_u (z_{bez1}) \, e^{ik (\cos \vartheta \, \Delta z - \sin \vartheta \, \Delta x)} \quad . \tag{75}$$

Der Quotient beider Felder liefert definitionsgemäß den Reflexionsfaktor. Für die Phase in der neuen Bezugshöhe z_{bez2} erhält man also:

$$\Phi (z_{bez2}) = \Phi (z_{bez1}) + 2 k \, \Delta z \cos \vartheta \quad . \tag{76}$$

Mit der Bedingung (73) erhält man daraus

$$\frac{\partial \Phi}{\partial \vartheta} + 2 k \, \Delta z \, \frac{\partial \cos \vartheta}{\partial \vartheta} = 0 \quad . \tag{77}$$

Damit ergibt sich eine vom Einfallswinkel abhängige Höhenverschiebung gegenüber der ursprünglichen Bezugshöhe

$$\Delta z = - \frac{1}{2k} \frac{\partial \Phi}{\partial \cos \vartheta} = \frac{1}{2k \sin \vartheta} \frac{\partial \Phi}{\partial \vartheta} \quad . \tag{78}$$

Durch Addition dieser Höhenverschiebung erhält man in Übereinstimmung mit PIGGOTT et al. [1965] als scheinbare Reflexionshöhe die einfallswinkelabhängige sogenannte Dreieckshöhe. Eine anschauliche Deutung dieser Höhe läßt sich anhand von Abb. 8 mit Hilfe des Theorems von BREIT und TUVE für eine isotrope stoßfreie Ionosphäre finden. Dringt eine Welle in die Ionosphäre ein, wird ihr Ausbreitungsweg infolge des höhenabhängigen Brechungsindex zur Erde hin gekrümmt. Diesen reellen Weg des Wellenpakets kann man durch einen fiktiven Weg ersetzen, der aus zwei geraden Stücken SR und RE zusammengesetzt ist. Dabei ist die reelle Laufzeit gleich der Zeit, die sich aus der Länge des fiktiven Weges ergibt, falls dieser mit Vakuumlichtgeschwindigkeit durchlaufen wird. Die Phase der ankommenden Welle ist dabei gleich der Phase, die man aus der geometrischen Länge SRE im Vakuum errechnet.

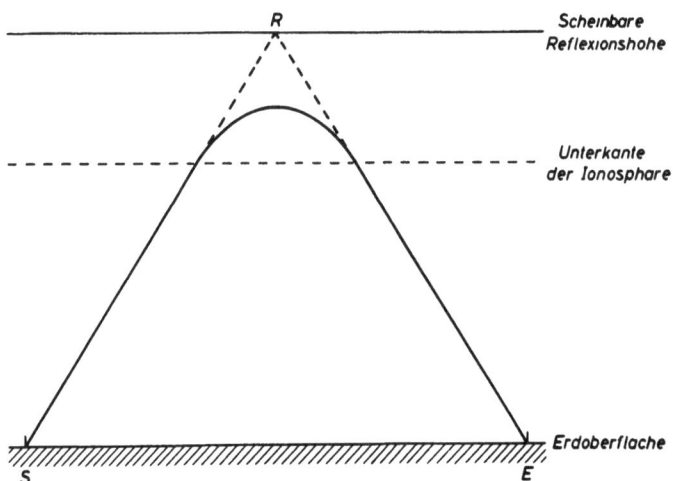

Abb. 8: Reeller Weg eines in die Ionosphäre eindringenden Strahls (ausgezogen) und fiktiver Weg bei Ausbreitung mit Vakuumlichtgeschwindigkeit und Reflexion in der scheinbaren Reflexionshöhe (gestrichelt).

Abb. 9 zeigt als Beispiel die Reflexionshöhen der Komponenten der Reflexionskoeffizientenmatrix für das eben gewählte Ionosphärenmodell (H_{250} = 70 km, H_S = 2 km).

Wie man sieht, sind alle Höhen vom Einfallswinkel abhängig. Als Abszisse wurde der Cotangens des Einfallswinkels gewählt.

Diese Darstellung ist für die Berechnung der Strahlensumme der Gesamtwelle zweckmäßig. Hierfür ist die Ermittlung der Phase einer M-fach reflektierten Welle im Vergleich zur Phase der Bodenwelle, d.h. der Differenz der Weglängen von M-fach reflektierter Raumwelle und Bodenwelle erforderlich. Eine Ungenauigkeit in der Bestimmung der scheinbaren Reflexionshöhe geht bei M-facher Reflexion mit M-fachem Fehler in die Weglänge der Raumwelle ein. Da die Abhängigkeit der scheinbaren Höhe vom Einfallswinkel nicht durch einen analytischen Ausdruck, sondern in Form einer Tabelle mit einer endlichen Anzahl von Stützstellen gegeben ist, mußte eine Darstellung gewählt werden, die gerade für häufige Reflexionen, d.h. für kleine Einfallswinkel eine genaue Interpolation gestattet. Wie das Beispiel in Abb. 9 erkennen läßt, ist das gerade bei der gewählten Darstellung der Fall, da für kleine Einfallswinkel die scheinbare Reflexionshöhe etwa linear vom Cotangens des Einfallswinkels abhängt.

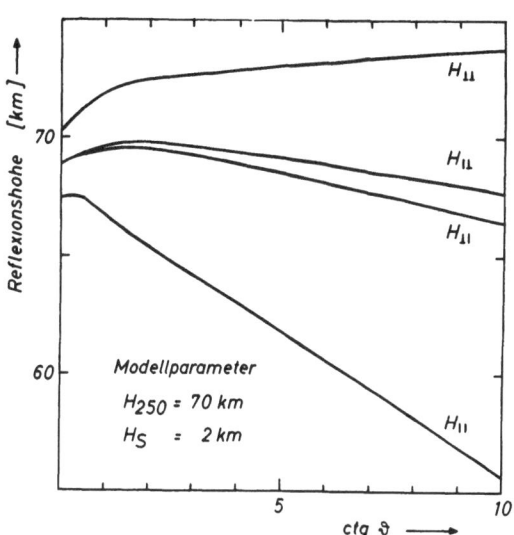

Abb. 9: Abhängigkeit der scheinbaren Reflexionshöhen vom Cotangens des Einfallswinkels.

3.4 Die Phasenkurven der Reflexionskoeffizientenmatrix

Während in Abb. 6 die Phasen der Komponenten der Reflexionskoeffizientenmatrix auf eine willkürliche Bezugshöhe, im angeführten Beispiel auf die Höhe z_{ref} = 50 km, bezogen waren, ist für die scheinbare Reflexionshöhe, die sog. Dreieckshöhe, für jeden Einfallswinkel ϑ_e ein anderer Wert gültig. Um die Phase auf diese Höhe zu beziehen, ist also zur ursprünglich für die Referenzhöhe gültigen Phase ein Wert zu addieren, der sich aus der Höhendifferenz für einen bestimmten Einfallswinkel ϑ_e und dem Cosinus des Einfallswinkels bestimmt. Es gilt

$$\Phi_{reflex, \vartheta_e} = \Phi_{ref, \vartheta_e} + 2k \Delta z \cos \vartheta_e \quad . \tag{79}$$

Einsetzen von (78) liefert

$$\Phi_{reflex, \vartheta_e} = \Phi_{ref, \vartheta_e} + \frac{\partial \Phi}{\partial \vartheta}\bigg|_{\vartheta = \vartheta_e} \cdot ctg \, \vartheta_e \quad . \tag{80}$$

Zur Ermittlung der Phase einer M-fach reflektierten Welle wird der für eine Reflexion gültige Phasensprung M-fach addiert, so daß eventuelle Fehler bei der Ermittlung dieses Phasensprunges M-fach in die Gesamtphase eingehen. Beispielsweise erhält man für die Phase einer 18-fach reflektierten Welle, deren Phasensprung bei der Reflexion mit einem Fehler von 10° ermittelt wurde, eine Abweichung der berechneten Gesamtphase vom wahren Wert von 180°. Die Rechnung würde also - jedenfalls für diese Teilwelle - ein vollkommen unzutreffendes Ergebnis liefern.

Ebenso wie bei der scheinbaren Reflexionshöhe ist es daher bei der Reflexionsphase zweckmäßig, eine Darstellung zu wählen, die bei einer vorgegebenen Zahl von Stützstellen eine möglichst genaue Interpolation für häufige Reflexionen, d.h. kleine Einfallswinkel gestattet. Dies ist bei der Wahl des Cotangens des Einfallswinkels als unabhängige Variable der Fall. Abb. 10 gibt als Beispiel die Kurven des Phasensprungs der Reflexionskoeffizientenmatrix bei Reflexion in der scheinbaren Reflexionshöhe für das bereits oben benutzte Ionosphärenmodell.

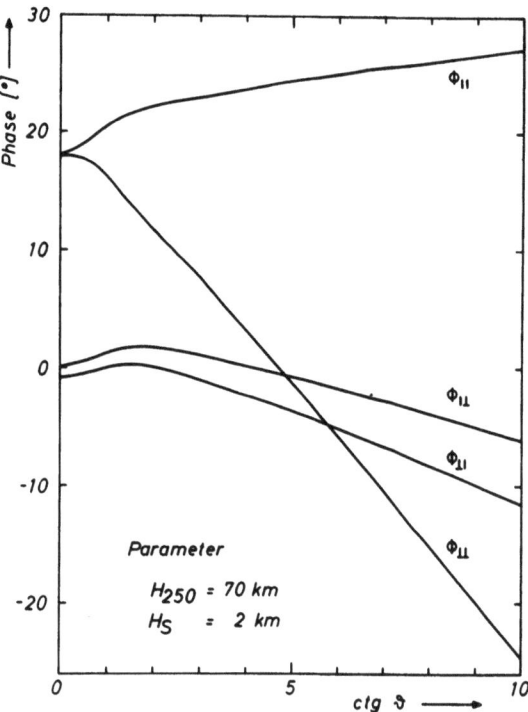

Abb. 10: Abhängigkeit des Phasensprungs bei Reflexion in der scheinbaren Reflexionshöhe vom Cotangens des Einfallswinkels.

3.5 Strahlensumme für ebene Erde

Die elektromagnetischen Felder im Fernfeld eines Längstwellensenders können in guter Näherung durch das Fernfeld eines Dipols der Dipolstärke $p = p_o e^{i\omega t}$ beschrieben werden. Für die elektrische Feldstärke eines am Koordinatenursprung befindlichen vertikal orientierten elektrischen Dipols gilt im Vakuum nach Abb. 11

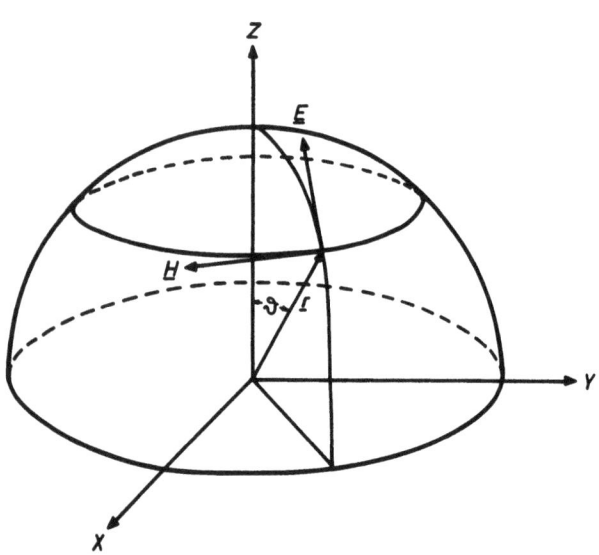

$$E = -k^2 \frac{p_o e^{i(\omega t - kr)}}{4\pi\epsilon r} \sin\vartheta \ . \tag{81}$$

Dabei bedeuten

$k = \frac{\omega}{c}$ die Wellenzahl

r Entfernung Dipol - Empfangsort

ϑ Winkel zwischen Ausbreitungsrichtung und Dipol

Die z-Komponente des elektrischen Feldes, die man beispielsweise mit einer senkrechten Stabantenne empfangen könnte, lautet demnach

$$E_z = -k^2 \frac{p_o e^{i(\omega t - kr)}}{4\pi\epsilon r} \sin^2\vartheta \ . \tag{82}$$

Abb. 11: Orientierung des E- und H-Feldes im Fernfeld eines strahlenden Dipols am Koordinatenursprung.

Befindet sich der Dipol nicht im Vakuum, sondern im Raum zwischen einer reflektierenden Erdoberfläche und einer reflektierenden Ionosphäre, ergibt sich die vertikale elektrische Feldstärke an einem Ort innerhalb dieses Wellenleiters durch Überlagerung aller Wellen, die vom Sender ohne Reflexion und nach ein bis M-maliger Reflexion an der Ionosphäre zum Empfänger gelangen.

$$E_z = -k^2 \frac{P_o e^{i\omega t}}{4\pi\epsilon} \left\{ \frac{e^{-ikr_o}}{r_o} \sin^2 \vartheta_o + \mathbb{R}_E \frac{e^{-ikr_E}}{r_E} \sin^2 \vartheta_E \right.$$

$$+ \sum_{M=1}^{\infty} \left[\left(\mathbb{R}_E^{-1} (\mathbb{R}_E \mathbb{R}_I)^M \frac{e^{-ikr_{I,M}}}{r_{I,M}} \sin^2 \vartheta_{I,M} \right. \right.$$

$$+ (\mathbb{R}_I \mathbb{R}_E)^M \frac{e^{-ikr_{EI,M}}}{r_{EI,M}} \sin^2 \vartheta_{EI,M} \qquad (83)$$

$$+ (\mathbb{R}_E \mathbb{R}_I)^M \frac{e^{-ikr_{IE,M}}}{r_{IE,M}} \sin^2 \vartheta_{IE,M}$$

$$\left. \left. + \mathbb{R}_E (\mathbb{R}_I \mathbb{R}_E)^M \frac{e^{-ikr_{EIE,M}}}{r_{EIE,M}} \sin^2 \vartheta_{EIE,M} \right) \right] \right\} .$$

Dabei stellen die Buchstaben $\mathbb{R}$ Reflexionsmatrizen dar. Der Index E steht für Reflexion an der Erde, der Index I für Reflexion an der Ionosphäre. Der Buchstabe M bedeutet die Zahl der ionosphärischen Reflexionen.

Für den vereinfachten Fall einer ebenen Erde und ebenen Ionosphäre konstanter Höhe zeigt Abb. 12 die zwei Anteile der Bodenwelle und die vier möglichen Strahlwege einer einmal an der Ionosphäre reflektierten Raumwelle.

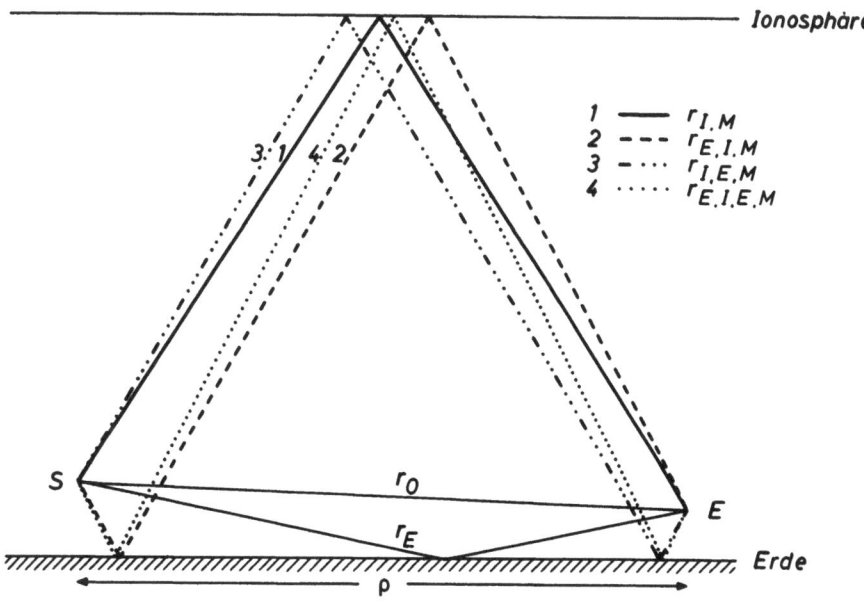

Abb. 12: Mögliche Strahlwege zwischen Sender S und Empfänger E.

Registriert man am Erdboden die Feldstärke eines Längstwellensenders im Entfernungsbereich 350 bis 800 km, sind Sender- und Empfängerhöhe gegen die scheinbare Reflexionshöhe und die Entfernung Sender - Empfänger vernachlässigbar klein. Daraus ergibt sich die wesentliche Vereinfachung

$$r_{I,M} = r_{EI,M} = r_{IE,M} = r_{EIE,M} = r_M \qquad (84a)$$

$$r_o = r_E = \rho \qquad (84b)$$

und

$$\vartheta_{I,M} = \vartheta_{EI,M} = \vartheta_{IE,M} = \vartheta_{EIE,M} = \vartheta_{E,M} \; . \qquad (84c)$$

Weiter oben war gezeigt worden, daß für Einfallswinkel $< 80°$ die Reflexionseigenschaften des Erdbodens durch die konstante Reflexionsmatrix eines idealen Leiters $|R_E = \begin{pmatrix} 1 & 0 \\ 0 & -1 \end{pmatrix}$ beschrieben werden können.

Da für streifenden Einfall und endliche Leitfähigkeit des Erdbodens $|R_E \rightarrow \begin{pmatrix} -1 & 0 \\ 0 & -1 \end{pmatrix}$ geht, erhält man in Formel (83) für die Vertikalfeldstärke der Bodenwelle als Summe der ersten zwei Glieder den Wert 0. Die strahlenoptische Näherung versagt also für die senkrecht polarisierte Bodenwelle und wird nach VOLLAND [1968] durch die strenge SOMMERFELDsche Lösung ersetzt:

$$E_{z \text{ Bodenwelle}} = 2k^2 \frac{p_o e^{i\omega t}}{4\pi \epsilon} \frac{e^{-ik\rho}}{\rho} S(\rho) \; . \qquad (85)$$

Damit erhält man für die vertikale elektrische Feldstärke am Erdboden im Wellenleiter zwischen Erde und Ionosphäre mit konstanter scheinbarer Reflexionshöhe:

$$E_z = 2k^2 \frac{p_o e^{i(\omega t - k\rho)}}{4\pi \epsilon \rho} S + 4k^2 \sum_{M=1}^{\infty} \sin^2 \vartheta_{E,M} |R_I^M \frac{p_o e^{i(\omega t - k r_M)}}{4\pi \epsilon r_M} \; . \qquad (86)$$

Dabei bedeuten

ρ Entfernung Sender - Empfänger

r_M Laufweg des M-fach reflektierten Strahls

$\vartheta_{E,M}$ Einfalls- bzw. Austrittswinkel am Erdboden

$|R_I^M$ Zusätzliche Schwächung bzw. Phasendrehung der Raumwellen infolge M-facher Reflexion an der Ionosphäre.

3.6 Erweiterung auf anisotrope Ionosphäre mit einfallswinkelabhängiger Reflexionshöhe

Bisher war es bei der Annahme einer festen Reflexionshöhe nach Belieben möglich, den Buchstaben $|R$ rein formal als Reflexionsfaktor oder im Falle der Anisotropie als Reflexionskoeffizientenmatrix zu deuten. Für die Erweiterung auf Ionosphärenmodelle mit variablen und für die einzelnen Komponenten der Reflexionskoeffizientenmatrix verschiedenen Reflexionshöhen ist es zweckmäßig, das Matrizenprodukt $|R^M$ auszumultiplizieren und die einzelnen Terme getrennt zu betrachten. Diejenigen Glieder, die Reflexionswege beschreiben, an deren Anfang und Ende senkrecht polarisierte Wellen auftreten, bilden eine Summe von Produkten. Die Zahl der Summanden N hängt in eindeutiger Weise von der Ordnung M der

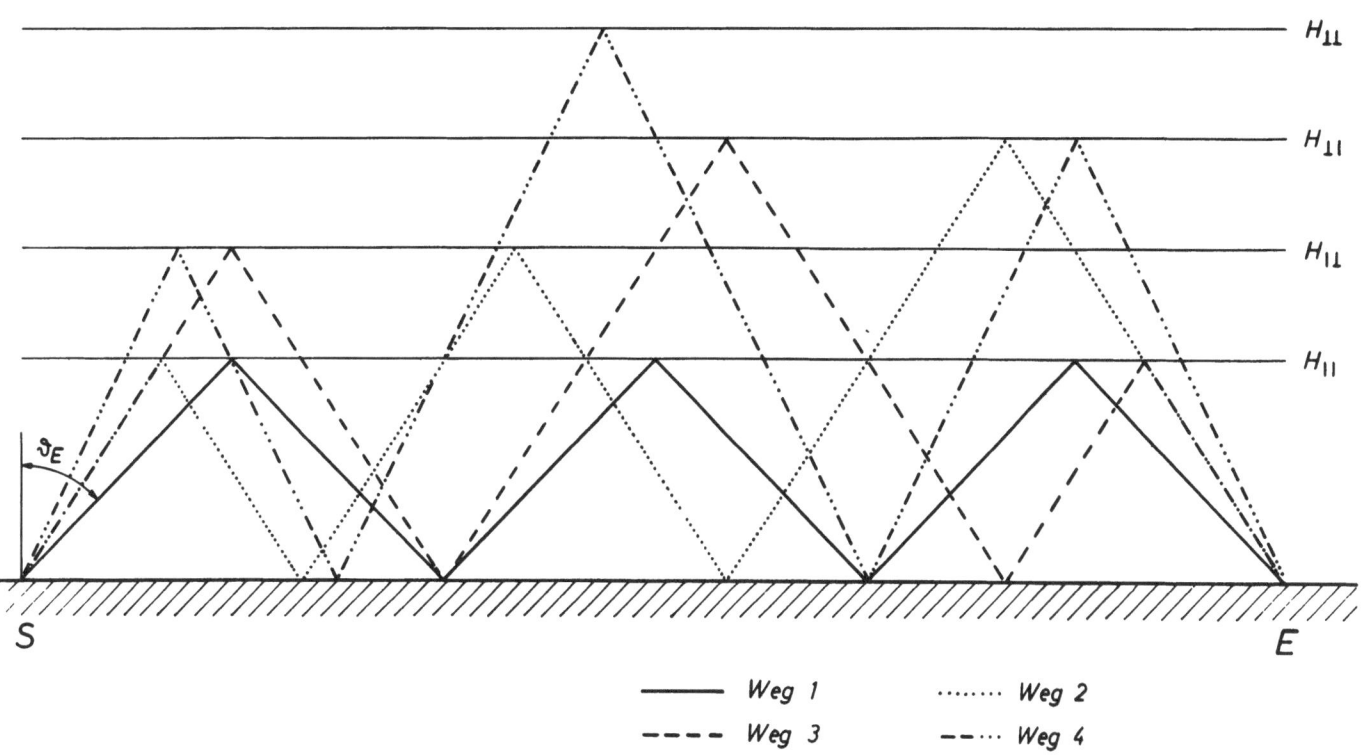

Abb. 13: Mögliche Ausbreitungswege für E-Wellen am Sender S und Empfänger E bei dreifacher Reflexion.

Reflexion ab. Für M = 3 erhält man beispielsweise N_{max} = 3 Summanden. Anhand von Abb. 13 sei das für den vereinfachten Fall erläutert, bei dem für die einzelnen Glieder der Reflexionskoeffizientenmatrix zwar verschiedene, aber jeweils konstante Reflexionshöhen vorliegen.

Man erkennt vier verschiedene mögliche Wege, auf denen in der Einfallsebene polarisierte Wellen vom Sender S zum Empfänger E gelangen können. Der einfachste Weg ist der mit 1 bezeichnete Linienzug. Vom Sender unter dem Winkel ϑ_E ausgehende in der Einfallsebene polarisierte Wellen gelangen nach dreimaliger Reflexion in der Höhe $H_{\parallel}$ mit dem Reflexionsfaktor $R_{\parallel}$ unter dem Winkel ϑ_E zum Empfänger. $R_{\parallel}$ ist der Reflexionsfaktor für E-Wellen. Die Länge des ausgezogenen Zickzackweges ist als Weg r_{M1} in obiger Formel (86) zu verstehen. Die Dipolstärke des fiktiven Dipols, von dem die Wellen auszugehen scheinen, die unter dem Winkel ϑ_E zum Empfänger einfallen, ist $4 p_o R_{\parallel}^3$. Dabei ist der Faktor $R_{\parallel}$ als komplexe Zahl $|R_{\parallel}| e^{i \arg R_{\parallel}}$ zu verstehen.

Für Wellen, die unter dem ϑ_E benachbarten nächst kleineren Winkel vom Sender ausgehen und unter demselben Winkel zum Empfänger gelangen, erkennt man zwei mögliche Wege, 2 (punktiert) und 3 (gestrichelt). Auf dem Weg 2 wird die Welle bei ihrem Auftreffen in der Höhe $H_{\parallel}$ mit dem Reflexionsfaktor $R_{\parallel}$ reflektiert, beim zweiten Auftreffen in der Höhe $H_{\parallel\perp}$ mit dem Konversionsfaktor $R_{\parallel\perp}$ in eine H-Welle konvergiert und beim dritten Auftreffen in der Höhe $H_{\perp\parallel}$ mit dem Konversionsfaktor $R_{\perp\parallel}$ in eine E-Welle zurückgewandelt. Weg 3 unterscheidet sich dadurch von Weg 2, daß die Konversion in eine H-Welle und die Rückkonversion in eine E-Welle bereits bei den zwei ersten ionosphärischen Reflexionen stattfinden und die Reflexion mit dem Reflexionsfaktor $R_{\parallel}$ erst beim dritten Auftreffen auf die Ionosphäre erfolgt. Da beide Wege gleichlang sind, die gleichen Reflexionsfaktoren auftreten und die Wellen unter dem gleichen Winkel ausgesendet und empfangen werden, kann man die zwei Anteile zusammenfassen. Die Zahl der zusammengefaßten Terme läßt sich durch einen Gewichtsfaktor F_{MN} (im angeführten Beispiel also F_{32} = 2) berücksichtigen. Man kann also so rechnen, als kämen die Wellen dieses Anteils von einem fiktiven Dipol der Stärke $2 \cdot 4 p_o R_{\parallel} R_{\parallel\perp} R_{\perp\parallel}$ in der Entfernung r_{M2} her.

Der letzte mögliche Weg 4 ist strichpunktiert eingezeichnet. Die Wellen werden beim ersten Auftreffen auf die Ionosphäre in der Höhe $H_{\perp\perp}$ mit dem Konversionsfaktor $R_{\perp\mid}$ in eine H-Welle konvertiert. Diese wird beim zweiten Auftreffen in der Höhe $H_{\perp\perp}$ mit dem Reflexionskoeffizienten $R_{\perp\perp}$ reflektiert und schließlich beim dritten Auftreffen in der Höhe $H_{\perp\mid}$ mit dem Konversionsfaktor $R_{\perp\mid}$ in eine E-Welle zurückverwandelt. Diese Welle kann man sich von einem Dipol der Stärke $4 p_o R_{\perp\mid} R_{\perp\perp} R_{\perp\mid}$, in der Entfernung r_{M3}, herkommend vorstellen.

Eine Summation über die soeben beschriebenen Anteile erfaßt also alle Wellen, die nach dreifacher Reflexion an der Ionosphäre als E-Wellen zum Empfänger gelangen.

Für die praktische Berechnung wurden zwei Einschränkungen gemacht:

1. Sobald die Amplitude eines Summanden weniger als 2 % der bisherigen Gesamtamplitude betrug, wurde dieser Summand nur noch bei der gerade betrachteten Reflexionsordnung M berücksichtigt und sein Anteil bei der Berechnung höherer Reflexionsordnungen, also M + 1, vernachlässigt.

2. Die maximal für die Berechnung mögliche Reflexionsordnung wurde mit M_{max} = 20 angesetzt. Dies erwies sich als ausreichend, da im ungünstigsten Fall, d.h. in einer Entfernung mit minimaler Gesamtamplitude bei gleichzeitig großen Beträgen der Komponenten der Reflexionskoeffizientenmatrix, die Rechnung mit der 12. Reflektierten abgebrochen werden konnte.

Als Gleichung für die vertikale elektrische Feldstärke eines Längstwellensenders unter Berücksichtigung verschiedener Reflexionshöhen für die einzelnen Terme der Reflexionskoeffizientenmatrix erhält man schließlich:

$$E_{z\rho} = \frac{2k^2 p_o e^{i(\omega t - k\rho)}}{4\pi\epsilon\rho} \cdot S + 4k^2 \sum_{M=1}^{\infty} \sum_{N=1}^{N_{max}(M)} F_{M,N} \pi_{M,N} R_I \frac{p_o e^{i(\omega t - kr_{M,N})}}{4\pi\epsilon r_{M,N}} \sin^2 \vartheta_{EM,N} \cdot$$

(87)

3.7 Berücksichtigung der Erdkrümmung

Die Berücksichtigung der Erdkrümmung bedingt einige Modifikationen der Formel (87). Die SOMMERFELDsche Lösung für die Ausbreitung der vertikal polarisierten Bodenwelle über einer ebenen leitenden Platte ist durch eine analoge Lösung für eine gekrümmte Oberfläche zu ersetzen. WAIT und HOWE [1956] geben eine im Längstwellengebiet gültige Lösung für den gesamten Bereich von wenigen km Entfernung bis zu beliebig großen Entfernungen an:

$$E_{zBoden} = 2k^2 \frac{p_o e^{i(\omega t - k\rho)}}{4\pi\epsilon\rho} e^{-i\rho/2R} \left[1 + \frac{i}{k\rho} + \frac{1}{k^2\rho^2} \right] \cdot W.$$

(88)

Dabei bedeuten

R   Effektiver Erdradius, wegen atmosphärischer Refraktion mit 4/3 multiplizierter Erdradius der kugelförmigen Erde.

[ ]   Beiträge durch Fernfeld, Induktionsfeld, statisches Feld zum Gesamtfeld.

W   Ausbreitungsfunktion der Bodenwelle für gekrümmte Erdoberfläche.

Bei Vernachlässigung der eckigen Klammer entsteht der größte Fehler für die kleinste Entfernung. In unserem Fall sind das bei ρ_{min} = 367 km weniger als 1 %, so daß diese Vernachlässigung zulässig ist.

Der größte Fehler für die Phase wird bei Vernachlässigung des zweiten Exponentialfaktors in der größten Entfernung gemacht. Da dieser Phasenfehler bei $\rho_{max} = 778$ km kleiner als $4°$ bleibt, wird der Phasenfaktor ebenfalls vernachlässigt und man erhält für die Bodenwelle

$$E_{zBodenwelle} = 2k^2 \frac{P_o e^{i(\omega t - k\rho)}}{4\pi\epsilon\rho} \cdot W \quad . \tag{89}$$

W kann der erwähnten Arbeit von WAIT und HOWE [1956] in Form einer Tabelle für mehrere Entfernungen und Frequenzen entnommen werden. Abb. 14 zeigt die daraus durch Interpolation für die Frequenz 16 kHz ermittelten Kurven $|W|$ und Arg W.

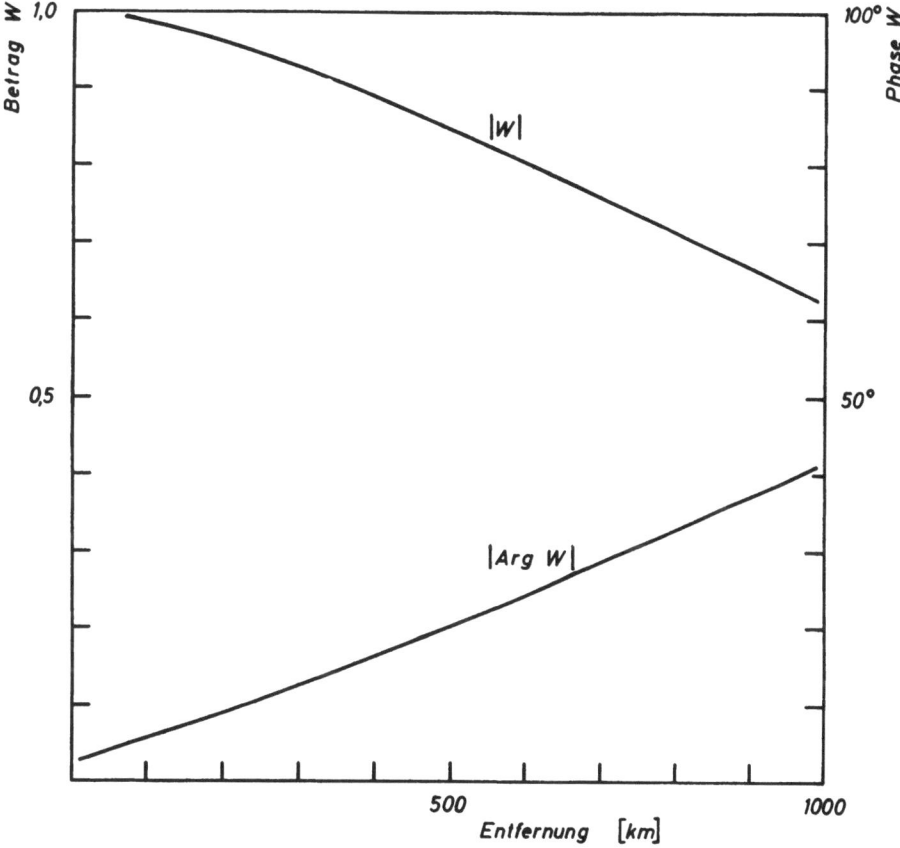

Abb. 14: Amplitude und Phase der Bodenwelle für die Frequenz 16 kHz nach WAIT und HOWE [1956].

3.8 Berechnung der Abstrahlwinkel

Eine zweite erforderliche Modifikation des Verfahrens zur Berechnung der Gesamtfeldstärke in einer bestimmten Entfernung gegenüber dem Fall der ebenen Erde und Ionosphäre erkennt man aus Abb. 15. Während im ebenen Fall der Einfallswinkel auf die Ionosphäre gleich dem Abstrahlwinkel am Sender und dem Einfallswinkel am Empfänger ist, unterscheiden sich bei kugelsymmetrischer Erde und Ionosphäre ϑ_I und ϑ_E voneinander. Es gilt:

$$\vartheta_I = \vartheta_E - \frac{\zeta}{2M} \quad . \tag{90}$$

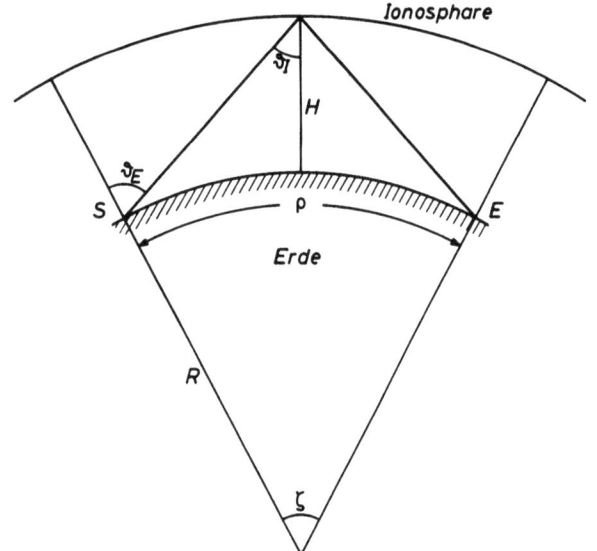

Abb. 15: Einfallswinkel bei kugelsymmetrischer Erde und Ionosphäre.

Der Einfallswinkel auf die Ionosphäre hängt jetzt sowohl vom Abstrahlwinkel ϑ_E als auch von der sphärischen Entfernung zwischen zwei Reflexionspunkten auf der Erdoberfläche ab. Die sphärische Entfernung für vorgegebenen Abstrahlwinkel hängt ihrerseits nun wieder von der scheinbaren Reflexionshöhe und damit vom Einfallswinkel auf die Ionosphäre ab. Zur Herleitung dieser Abhängigkeit macht man nach Abb. 16 vom Sinussatz Gebrauch:

$$\frac{\sin \vartheta_I}{\sin \vartheta_E} = \frac{R}{R+H} \quad . \tag{91}$$

Mit (90) erhält man also

$$\sin\left(\vartheta_E - \frac{\zeta}{2M}\right) = \frac{R}{R+H} \sin \vartheta_E \quad . \tag{92}$$

Nach trigonometrischer Umformung der linken Seite und Division durch $\sin \vartheta_E \cdot \sin \frac{\zeta}{2M}$ ergibt sich daraus mit:

$$\frac{1}{\sin \alpha} = \sqrt{1 + \operatorname{ctg}^2 \alpha} \tag{93}$$

$$\operatorname{ctg} \frac{\zeta}{2M} - \operatorname{ctg} \vartheta_E = \frac{R}{R+H} \sqrt{1 + \operatorname{ctg}^2 \frac{\zeta}{2M}} \quad . \tag{94}$$

Damit erhält man für $\operatorname{ctg} \frac{\zeta}{2M}$ eine quadratische Gleichung. Deren Auflösung liefert die gesuchte Abhängigkeit

$$\operatorname{ctg} \frac{\zeta}{2M} = \frac{\operatorname{ctg} \vartheta_E + \sqrt{\operatorname{ctg}^2 \vartheta_E - \left\{\left(1 - \left(\frac{R}{R+H}\right)^2\right)\left(\operatorname{ctg}^2 \vartheta_E - \left(\frac{R}{R+H}\right)^2\right)\right\}}}{1 - \left(\frac{R}{R+H}\right)^2} \quad . \tag{95}$$

Da eine geschlossene Lösung der Aufgabe, die Einfallswinkel auf die Ionosphäre zu bestimmen - falls überhaupt möglich - sehr kompliziert schien, wurde ein numerisches, iteratives Verfahren gewählt. Zur Durchführung dieses Verfahrens geht man von einem vorläufigen, nur näherungsweise richtigen Abstrahlwinkel ϑ_E und ebenfalls nur näherungsweise angenommenen sphärischen Entfernungen aus. Daraus lassen sich die zugehörigen Einfallswinkel auf die Ionosphäre nach Formel (90) bestimmen. Damit werden die scheinbaren Reflexionshöhen ermittelt und dann nach (95) die korrigierten sphärischen Entfernungen. Die Summe dieser Entfernungen liefert näherungsweise den Auftreffpunkt des Strahls auf die Erdoberfläche, der unter dem Winkel ϑ_E ausgesandt wurde. Die Entfernung dieses Auftreffpunktes vom Sender wird mit der gewünschten Entfernung verglichen. Ist sie zu groß, wird das Verfahren mit einem entsprechend steileren Abstrahlwinkel wiederholt, analog wird bei zu kleiner Auftreffentfernung der Abstrahlwinkel flacher gewählt. Das Verfahren konvergiert im allgemeinen schnell und wird abgebrochen, sobald man den Auftreffpunkt mit der gewünschten Genauigkeit erreicht. Für die praktische Rechnung wurde die Genauigkeit auf $1 \cdot 10^{-6}$ der gewählten Entfernung festgesetzt.

3.9 Der Konvergenzfaktor

Die soeben erwähnte hohe Genauigkeit (bei einer Entfernung von 1000 km ein Fehler von nur 1 m) wurde deshalb gewählt, weil bei dem Verfahren, den Strahl gewissermaßen um die richtige Richtung hin und her pendeln zu lassen, als Nebenprodukt der Quotient $\Delta \zeta / \Delta \operatorname{ctg} \vartheta_E$ bestimmt werden kann. Dieser approximiert bei kleinen Änderungen von $\operatorname{ctg} \vartheta_E$ mit großer Genauigkeit den Differentialquotienten $\partial \zeta / \partial \operatorname{ctg} \vartheta_E$. Für eine weitere in diesem Abschnitt beschriebene Modifikation der Rechnung gegenüber dem ebenen Fall wird aber gerade dieser Differentialquotient benötigt. Die noch erforderliche Korrektur berücksichtigt die Tatsache, daß allein schon aus geometrischen Gründen nach einer Reflexion an einem gekrümmten Reflektor der reflektierte Strahl gegenüber dem einfallenden konvergent oder divergent ist. Das bedeutet eine zusätzliche Konzentration bzw. Schwächung der Wellenenergiedichte. Rechnerisch kann man diesen Sachverhalt durch Multiplikation jedes einzelnen Gliedes der Strahlensumme mit einem Konvergenzfaktor B_{MN} berücksichtigen. Damit erhält man

$$E_{z\rho} = \frac{2k^2 p_0 e^{i(\omega t - k\rho)}}{4\pi\epsilon\rho} \cdot W + 4k^2 \sum_{M=1}^{\infty} \sum_{N=1}^{N_{max}(M)} B_{MN} F_{MN} \pi_{MN} R_I \frac{p_0 e^{i(\omega t - kr_{MN})}}{4\pi\epsilon r_{MN}} \sin^2 \vartheta_{EMN} .$$
(96)

Für den Konvergenzfaktor gilt nach BREMMER [1949]

$$B_{MN} = \frac{r}{R} \left\{ \frac{\frac{\partial \vartheta_E}{\partial \zeta}}{\operatorname{ctg} \vartheta_E \sin \zeta} \right\}^{\frac{1}{2}} .$$
(97)

Dabei bedeuten nach Abb. 16

r   Strahlweglänge
ζ Zentriwinkel
R   Erdradius
ϑ_E Abstrahlwinkel .

Daraus erhält man mit

$$\left| \frac{\partial \zeta}{\partial \vartheta_E} \right| = \left| \frac{\partial \zeta}{\partial \operatorname{ctg} \vartheta_E} \right| (1 + \operatorname{ctg}^2 \vartheta_E)$$
(98)

$$B_{MN} = \frac{r_{MN}}{R} \left\{ \frac{1}{\operatorname{ctg} \vartheta_E (1 + \operatorname{ctg}^2 \vartheta_E) \sin \zeta \left| \frac{\partial \zeta}{\partial \operatorname{ctg} \vartheta_E} \right|} \right\}^{\frac{1}{2}} .$$
(99)

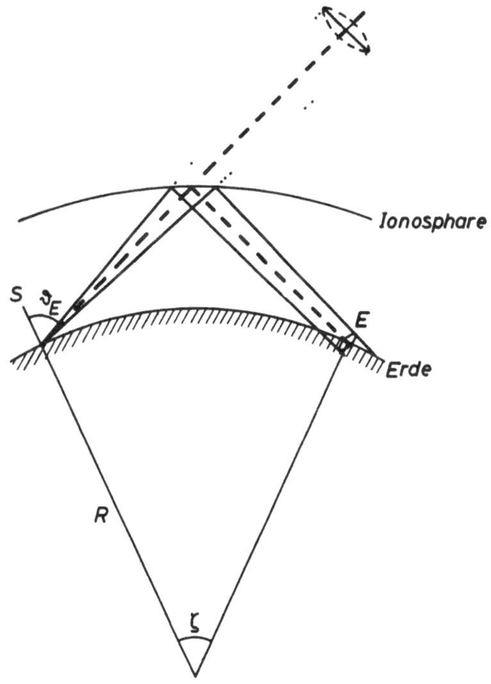

<u>Abb 16</u>: Änderung der Wellenenergiedichte nach Reflexion an einem gekrümmten Reflektor.

Bei der praktischen Berechnung ersetzt man $\partial \zeta / \partial \operatorname{ctg} \vartheta_E$ durch $\Delta \zeta / \Delta \operatorname{ctg} \vartheta_E$ und verwendet zur Bildung des Differenzquotienten die letzten Werte von ζ und $\operatorname{ctg} \vartheta_E$ vor der endgültigen Bestimmung von ζ mit der gewünschten Genauigkeit.

Nach BREMMER [1949] kann man in einfacher Weise auch die atmosphärische Brechung in der Troposphäre berücksichtigen. Es genügt danach, für mittlere meteorologische Bedingungen den tatsächlichen

Erdradius R_o durch einen fiktiven Wert $R = 4/3 \, R_o$ zu ersetzen, wie es auch schon bei der Berechnung der Bodenwelle nach WAIT und HOWE [1956] geschehen war. Setzt man für B_{MN} den Wert aus Gleichung (99) ein, erhält man schließlich mit (93) aus (96)

$$E_{z\rho} = \frac{4k^2 p_o e^{i(\omega t - k\rho)}}{4\pi\varepsilon R} \left\{ 0.5 \, \frac{R}{\rho} \cdot W + \sum_{M=1}^{\infty} \sum_{N=1}^{N_{max}(M)} F_{MN} \right.$$

$$\left. \pi_{MN} \, R_I \, \frac{e^{ik(\rho - r_{MN})}}{\left\{ \operatorname{ctg} \vartheta_E (1+\operatorname{ctg}^2 \vartheta_E) \sin \zeta \left| \frac{\Delta \zeta}{\Delta \operatorname{ctg} \vartheta_E} \right| \right\}^{1/2} \cdot (1+\operatorname{ctg}^2 \vartheta_E)} \right\} . \quad (100)$$

3.10 Die Feldstärkeentfernungskurven

Mit dem soeben beschriebenen Verfahren wurden mehrere Feldstärkeentfernungskurven für verschiedene Modellparameter berechnet, um einen Überblick über das mögliche Verhalten der Feldstärkeentfernungskurven zu gewinnen. Das Ergebnis zeigt Abb. 17.

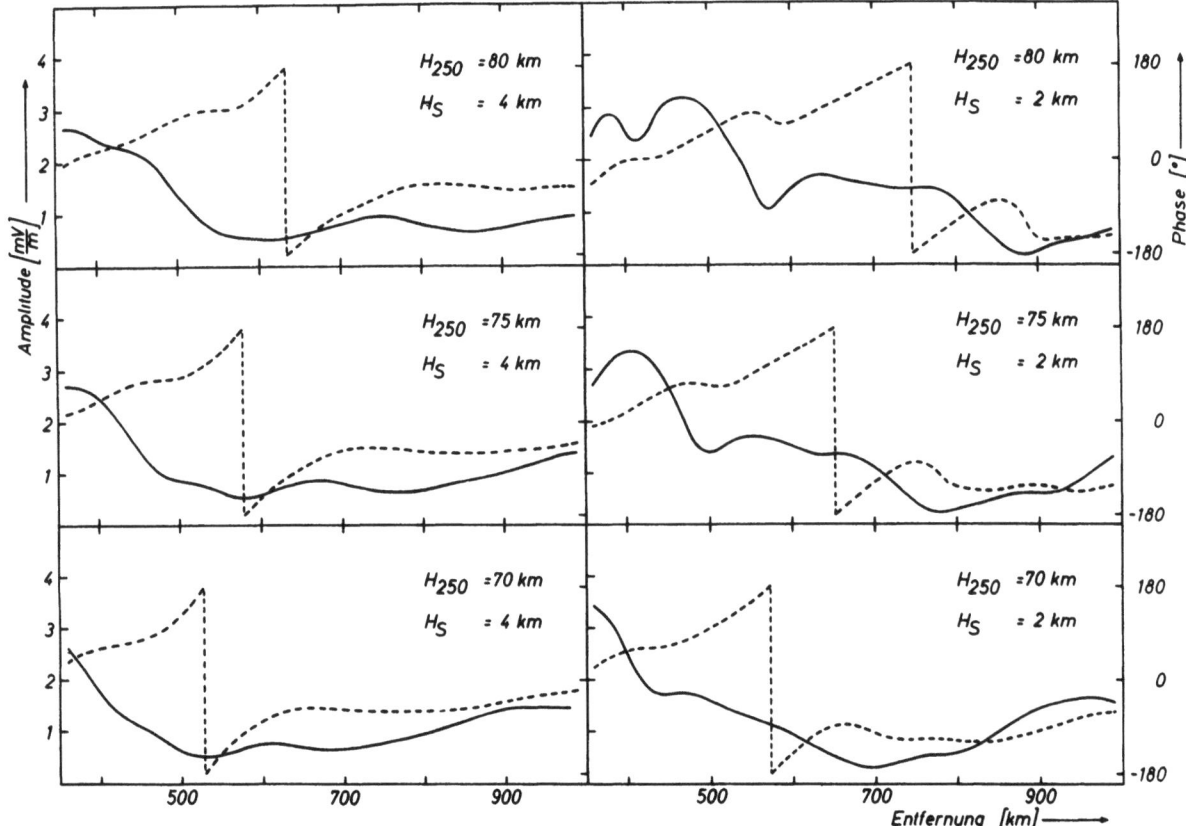

Abb. 17: Entfernungsabhängigkeit von Amplitude (———) und Phase (-----) der Feldstärke eines Senders der Frequenz 16 kHz und der Sendeleistung 1 kW. Die Parameter beziehen sich auf exponentielle Elektronendichteprofile.

Die ausgezogenen Kurven gelten für die Amplitude, die gestrichelten für die Phase der Feldstärke in der jeweiligen Entfernung bezogen auf die Bodenwelle. Die berechneten Werte der Amplitude sind für eine im Vakuum abgestrahlte Sendeleistung von 1 kW gewonnen worden.

Man erkennt auf allen Amplitudenkurven das schon von HOLLINGWORTH [1926] beschriebene Hauptinterferenzminimum. Gleichzeitig sieht man, daß mit abnehmender kritischer Höhe H_{250} und mit zunehmender Skalenhöhe H_S die Entfernung dieses Minimums vom Sender sich verringert. Dieses Verhalten ist auch physikalisch sinnvoll. Abnehmende kritische Höhe und zunehmende Skalenhöhe bedeuten beide, daß eine zur Reflexion von Längstwellen ausreichende Elektronendichte bereits in niedrigeren Höhen über der Erdoberfläche erreicht wird. Damit verkürzt sich dementsprechend der Phasenweg der Raumwellen. Um dennoch eine feste Phasendifferenz zwischen Bodenwelle und Raumwellen zu erhalten - etwa gerade $180°$, wie es für den Ort eines Minimums mit maximaler Auslöschung erforderlich ist - muß der Phasenweg der Bodenwelle um denselben Betrag verkürzt werden. Das bedeutet eine kürzere Entfernung vom Sender, so daß sich das Interferenzminimum zum Sender hin verschiebt.

Weiterhin sieht man ein komplementäres Verhalten der Phasen- und Amplitudenkurven. Darunter soll folgendes verstanden werden: In denjenigen Entfernungen, wo die Feldstärkekurven Maxima oder Minima zeigen, erkennt man auf den Phasenkurven gerade Gebiete mit maximaler Änderung, während Gebiete mit besonders schnellen Veränderungen der Amplitude Extremwerte der Phasenkurven zeigen. Auch dieses Verhalten ist physikalisch sinnvoll und leicht zu interpretieren. Dazu wird vereinfachend angenommen, daß sich Änderungen der Feldstärke an einem Ort hauptsächlich durch Drehungen der Phase der Raumwelle ergeben. In erster Näherung soll dabei die Amplitude der Raumwellen nur schwach veränderlich sein. Das bedeutet, daß bei Änderungen der Elektronendichte der Betrag des Reflexionsfaktors nur langsam verändert wird, während die Höhe des für die Reflexion verantwortlichen Gebietes schnell variiert. Anhand von Abb. 18 kann man dann das Verhalten der Feldstärke an einem Ort leicht verstehen. In beiden Fällen a und b stellt der nach rechts gerichtete Zeiger die Bodenwelle dar. Im Fall a ist die Phase der Raumwelle gerade $0°$ in Bezug auf die Bodenwelle. Das bedeutet für die Amplitude der Gesamtwelle gerade maximalen Wert. Änderungen der Phase der Raumwelle wirken sich dann wenig auf die Amplitude aus, während sich die Gesamtphase besonders schnell ändert. Dies wird durch die gestrichelten Pfeile für Änderungen $\Delta \Phi$ der Raumwellenphase dargestellt. Die entsprechende Überlegung gilt für ein Minimum der Gesamtamplitude.

Im Fall b ist die Phase der Raumwelle so orientiert, daß Änderungen derselben zu möglichst starken Änderungen der Gesamtamplitude führen. Man erkennt aus den gestrichelten Pfeilen, daß in diesem Fall die Phasenänderungen der Gesamtphase minimal bleiben.

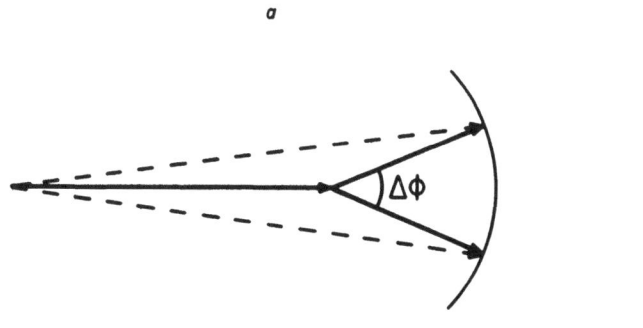
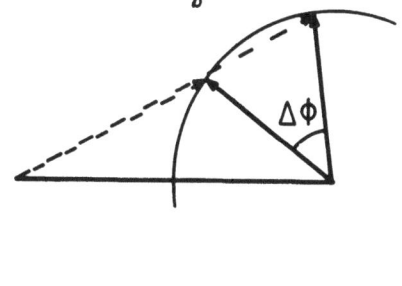

Extremwert der Amplitude
Phase schnell veränderlich

Extremwert der Phase
Amplitude schnell veränderlich

Abb. 18: Abhängigkeit der Phasen- und Amplitudenänderungen der Gesamtfeldstärke von der Phasenlage der Raumwelle.

3.11 Die Feldstärkegebirge

Für den englischen Längstwellensender GBR Rugby existieren aus der Zeit von Oktober 1962 bis April 1963 Registrierungen der Amplitude der Gesamtfeldstärke an acht Stationen einer Empfängerkette im Entfernungsbereich von 367 km bis 778 km. Die geographische Lage der Stationen zeigt Abb. 19.

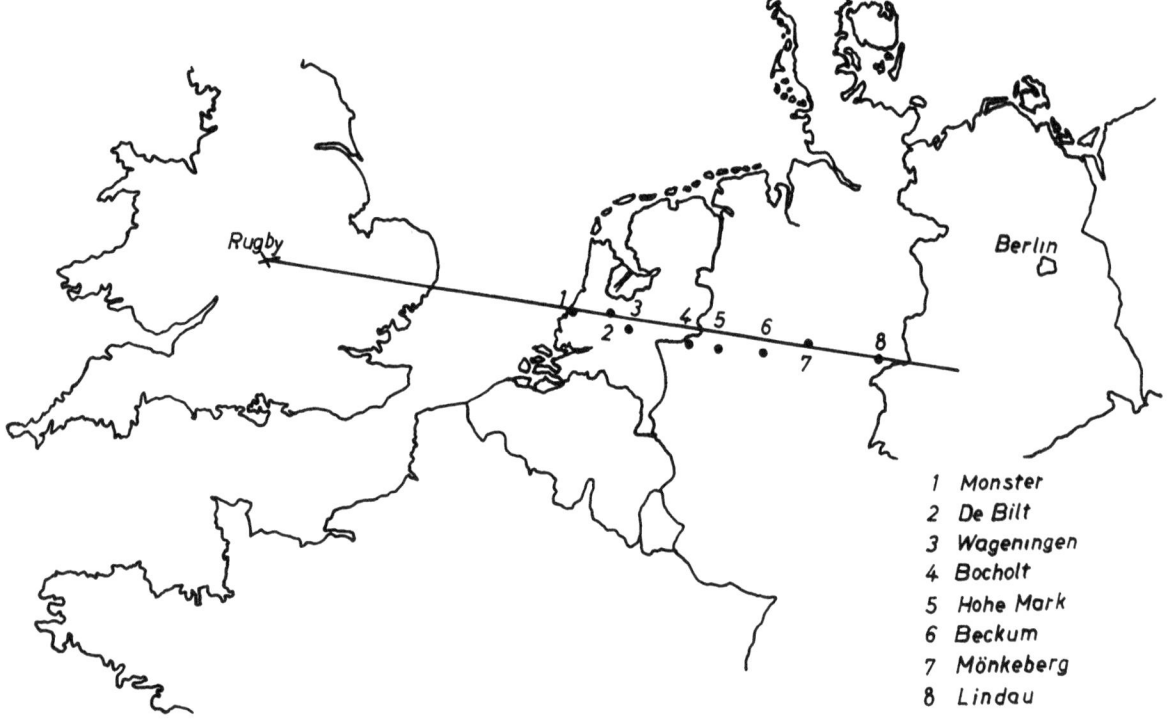

Abb. 19: Geographische Lage der Stationen einer Empfängerkette zur Messung der Feldstärkeamplitude des Senders GBR Rugby (16 kHz).

Die folgende Tabelle 2 gibt die geographischen Koordinaten der Stationen und ihre sphärischen Entfernungen vom Sender GBR Rugby ($-1°11'/52°22'$) an:

Tabelle 2

Station	Geogr. Länge λ	Geogr. Breite φ	Entfernung [km]
Monster	4° 10,1'	52° 2,2'	367
De Bilt	5° 10,95'	52° 6,2'	434
Wageningen	5° 40,4'	51° 57,4'	469
Bocholt	6° 37,2'	51° 50,2'	534
Hohe Mark	7° 6,3'	51° 46,2'	571
Beckum	8° 4,1'	51° 44,1'	634
Mönkeberg	8° 55,9'	51° 48,7'	693
Lindau	10° 7,6'	51° 38,9'	778

Um das theoretische Verfahren zur Berechnung der Feldstärke mit den vorliegenden Messungen vergleichen zu können, wurde für jede Meßstation die Feldstärke nach Betrag und Phase in Abhängigkeit von den zwei Parametern kritische Höhe H_{250} und Skalenhöhe H_S eines exponentiellen Elektronendichteprofils berechnet. Wählt man die Höhe H_{250} als Abszisse und die Skalenhöhe H_S als Ordinate, kann man für jede Meßstation die Amplitude und Phase der Gesamtfeldstärke als von diesen zwei Variablen abhängige Veränderliche auftragen. Man erhält also für jede Entfernung ein "Amplitudengebirge" bzw. "Phasengebirge" über der Ebene der zwei Parameter. Als Beispiel zeigt Abb. 20 die Höhenlinien des Amplitudengebirges für die Entfernung 778 km (Lindau). Die angeschriebenen Zahlen geben die auf eine Normalfeldstärke bezogene relative Feldstärke in dB an. Als Normalfeldstärke wurde in Anlehnung an FRISIUS [1965] die Bodenwellenfeldstärke eines Senders der Strahlungsleistung 1 kW gewählt. Zur näheren Erläuterung ist in Abb. 21 die Abhängigkeit der Feldstärke vom Parameter H_{250} bei den Werten der Skalenhöhe H_S = 1, 2, 4 und 8 km dargestellt. Die Abbildung zeigt also Schnitte durch das Feldstärkegebirge längs Ebenen konstanter Skalenhöhe.

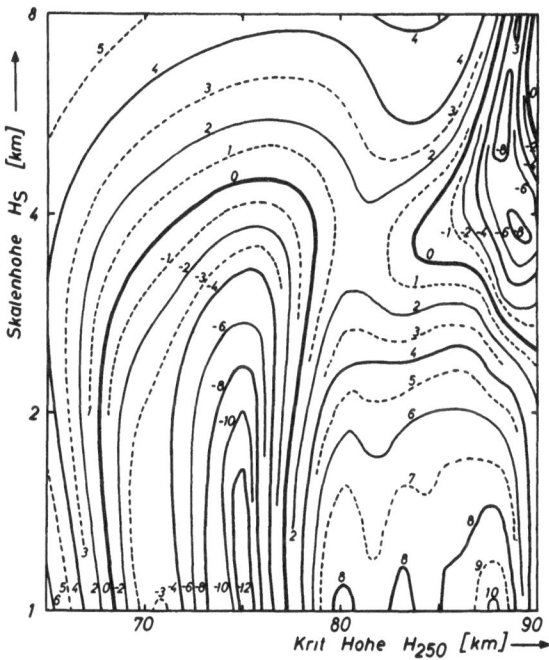

Abb. 20: Abhängigkeit der Feldstärkeamplitude des Senders GBR Rugby von den Parametern kritische Höhe H_{250} und Skalenhöhe H_S.
Entfernung Sender - Empfänger 778 km.

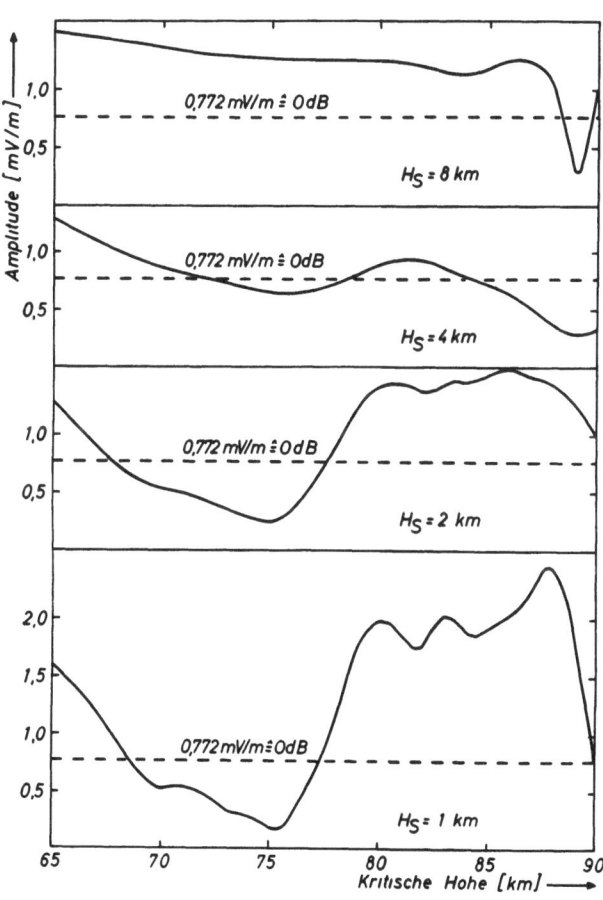

Abb. 21: Abhängigkeit der Feldstärkeamplitude eines Senders der Frequenz 16 kHz und der Leistung 1 kW von der kritischen Höhe H_{250}.
(Entfernung ρ = 778 km)

4. Vergleich mit Messungen

Im folgenden Kapitel soll untersucht werden, wieweit aus dem Jahr 1962/63 vorliegende Messungen an mehreren Stationen einer Empfängerkette mit den theoretisch errechneten Feldstärkewerten verträglich sind und wieweit sie Rückschlüsse auf den Zustand der Ionosphäre erlauben. Zu diesem Zweck muß zuerst ein Zusammenhang zwischen den theoretischen Feldstärkewerten, die sich auf die Sendeleistung 1 kW beziehen, und den Messungen an den einzelnen Stationen, die in willkürlichen Einheiten erfolgten, hergestellt werden. Das gelingt mit der sogenannten Pegelflächenmethode von FRISIUS [1965]. Diese erlaubt die Bestimmung möglicher Parameterkombinationen allein aus den Feldstärkeverhältnissen (Pegeldifferenzen) mehrerer Stationen für verschiedene Zeitpunkte und erfordert keine absoluten Feldstärkemessungen. Den gesuchten Zusammenhang liefern die Stationsfaktoren. Bei Verwendung der Mittelwerte der Stationsfaktoren, die aus den Meßwerten verschiedener Tage bestimmt werden, erreicht man eine verbesserte Genauigkeit der Parameterbestimmung. Man findet jahreszeitabhängige Änderungen der mittäglichen kritischen Höhe, während die nächtlichen Werte der kritischen Höhe nicht von der Jahreszeit abhängen. Weiterhin ergibt sich ein tageszeitabhängiges Verhalten der Parameter und eine Abhängigkeit dieser täglichen Änderungen von der Jahreszeit. Die Rechenmaschinenprogramme zur Bestimmung der Parameter aus den Messungen bei bekannten Stationsfaktoren findet man im Anhang.

4.1 Das Pegelflächenverfahren

Die Untersuchung, ob sich in Abhängigkeit von der Entfernung gemessene Feldstärken durch das einfache Exponentialprofil der Elektronendichte mit den zwei Parametern H_{250} und H_S beschreiben lassen, und welche Kombination der beiden Parameter die richtige Feldstärkeentfernungskurve liefert, soll mit Hilfe einer elektronischen Rechenmaschine durchgeführt werden. Aus diesem Grund sind die Feldstärkegebirge in digitaler Form auf Magnetband gespeichert. Die Schrittweite für die Parameter ist so gewählt, daß man für die kritische Höhe H_{250} zwischen 65 und 90 km 51 Stützstellen und für den Logarithmus der Skalenhöhe H_S zwischen 0,0 und 0,9, d.h. H_S zwischen 1 und 8 km, 31 Stützstellen erhält. Das ganze Feldstärkegebirge wird also für jede Entfernung durch 51 · 31 = 1581 Stützstellen beschrieben. Das einfachste Verfahren, die registrierten Feldstärkewerte mit den Rechnungen zu vergleichen und mögliche Parameterkombinationen zu ermitteln, wäre es, mit Hilfe des Elektronenrechners die zweidimensionale Mannigfaltigkeit der Parameter in 1500 Elementarzellen aus je vier benachbarten Punkten zu zerlegen und für jede Elementarzelle zu untersuchen, ob die gemessenen Feldstärkewerte innerhalb dieser Zelle zwischen den maximal und minimal möglichen Werten (unter Berücksichtigung der Fehlergrenzen) liegen. Ist das der Fall, dann ist diese Zelle zu markieren. Nach Durchführung der Untersuchung für alle Zellen des ganzen Parametergebietes kann man dieses mitsamt den markierten Zellen aufzeichnen. Damit erhält man alle Parameterbereiche, die die gemessenen Feldstärkewerte korrekt beschreiben.

Leider ist dieses einfache Verfahren für die vorliegenden Messungen nicht ohne weiteres durchführbar, da die in Richtung Lindau abgestrahlte Sendeleistung des Senders Rugby nicht genau bekannt ist und seinerzeit auch keine absoluten Feldstärkemessungen gemacht wurden. Durch das von FRISIUS [1965] angegebene Pegelflächenverfahren war es trotzdem möglich, die an den einzelnen Stationen in möglicherweise verschiedenen, willkürlichen Einheiten gemessenen Feldstärkeregistrierungen für das Verfahren der Parameterbestimmung nutzbar zu machen.

Das Pegelflächenverfahren erfordert für seine Anwendung lediglich zwei leicht erfüllbare Voraussetzungen:

a) Registrierung der Feldstärke an mehreren Stationen im Bereich des Tageshauptminimums, das durch Interferenz aus Bodenwelle und Raumwellen entsteht.

b) Konstanz (nicht Kenntnis) der effektiven Höhe der im übrigen beliebigen Stationsantennen über einen Zeitraum von etwa 24 Stunden.

Die genaue Durchführung des Verfahrens ist bei FRISIUS [1965] beschrieben. Hier soll lediglich eine kurze Zusammenfassung gegeben werden.

Erster Schritt ist die Ermittlung derjenigen Station, in deren Nähe das Tageshauptminimum liegt. Das ist leicht aus dem Charakter der Registrierungen zu erkennen, da bei niedriger Nutzfeldstärke sich die Störungen durch den atmosphärischen Störpegel bemerkbar machen. Auf den vorhandenen Registrierungen wurde das durch eine Sendepause des Senders Rugby zwischen 14.00 und 16.00 MEZ besonders leicht erkennbar, da während dieser Zeit natürlich nur der Störpegel auf 16 kHz registriert wurde. Das Amplitudenverhältnis der Registrierungen unmittelbar vor und nach Beginn der Sendepause gibt direkt an, wieweit die Senderfeldstärke über dem Störpegel lag.

Der zweite Schritt ist das Abschätzen der maximal möglichen Feldstärke an dieser Station, bezogen auf die Bodenwelle. Diese Abschätzung ist sehr unkritisch, weil auch mit einem viel zu großen Schätzwert der wahre Wert mit eingeschränkten Fehlergrenzen ermittelt werden kann. Diese Feldstärke am Ort des Minimums wurde in der Regel mit 3 - 5 dB unter der Bodenwellenfeldstärke angenommen. Mit Hilfe des zugehörigen Feldstärkegebirges lassen sich alle Elementarzellen ermitteln, in denen die Feldstärke kleiner als der vorgegebene Schätzwert ist. Dadurch wird ein begrenztes Gebiet in der Ebene der zwei Parameter ausgewählt.

Dritter Schritt: Für alle anderen Stationen werden aus den jeweiligen Feldstärkegebirgen die maximal und minimal möglichen Feldstärken ermittelt.

Vierter Schritt: Aus den Registrierungen der verschiedenen Stationen entnimmt man jeweils das Verhältnis der Feldstärken für einen beliebigen Zeitpunkt, z.B. 1.00 Uhr nachts, und die Mittagszeit. Damit kann man aus den maximal und minimal möglichen Mittagswerten von Schritt drei maximal und minimal mögliche Feldstärken für den gewählten zweiten Zeitpunkt, z.B. 1.00 Uhr nachts, errechnen.

Fünfter Schritt: Aus den soeben ermittelten Werten für die maximal und minimal mögliche Feldstärke bestimmt man mit Hilfe der Feldstärkegebirge der einzelnen Stationen unter Berücksichtigung der Meßfehler die zugehörigen Parametergebiete, für die die Feldstärke innerhalb der Grenzwerte liegt. Der, im allgemeinen kleine, gemeinsame Durchschnitt aller so ermittelten Parametergebiete ist das für den zweiten Zeitpunkt gültige Parametergebiet.

Sechster Schritt: Für dieses kleine Gebiet werden die maximale und die minimale Feldstärke an den einzelnen Stationen aus den zugehörigen Feldstärkegebirgen bestimmt. Der Bereich der möglichen Feldstärken aus Schritt vier ist damit bereits erheblich eingeengt.

Siebter Schritt: Mit Hilfe der in Schritt vier aus den Registrierungen gewonnenen Feldstärkeverhältnisse kann man erneut aus den eingeengten Grenzwerten der Nachtfeldstärkewerte mögliche Tagesfeldstärken errechnen. Diese grenzen ihrerseits bei Verwendung der Feldstärkegebirge der einzelnen Stationen erneut Gebiete in der Ebene der zwei Parameter ein. Deren gemeinsamer Durchschnitt ist stets gegenüber dem in Schritt zwei bestimmten Gebiet verkleinert.

Achter Schritt: Analog zu dem Verfahren bei Schritt drei werden aus den Feldstärkegebirgen die maximal und minimal möglichen Feldstärken für dieses kleine Gebiet der Parameterebene ermittelt.

Neunter Schritt: Das Verfahren wird, wie bei Schritt vier beschrieben, mit den soeben erhaltenen Grenzwerten der Tagesfeldstärke fortgesetzt.

Das mit Worten nur umständlich zu beschreibende und in der Durchführung sehr zeitraubende Verfahren wurde für die Anwendung einer elektronischen Rechenmaschine programmiert. So kann es leicht mehrmals wiederholt werden, bis keine weitere Einengung der Parametergebiete und der Feldstärkegrenzwerte mehr eintritt. Dabei hängt die endgültige Größe der Parameterfläche und die Genauigkeit der Feldstärkebestimmung von zwei Dingen ab:

1. Von der endgültigen Lage des ermittelten Gebietes in der Parameterebene. Bei starker Abhängigkeit der Feldstärke von Änderungen der Parameter erhält man auch schon bei kleinen Gebieten, im Extremfall in einer Elementarzelle, große Unterschiede zwischen maximaler und minimaler Feldstärke.

2. Von der Größe der Meßfehler. Da die Amplituden mit Linienschreibern registriert wurden, ist der Fehler bei kleinen Amplituden größer als bei großen Amplituden. Weiterhin trägt zum Meßfehler die Tatsache bei, daß die Verstärkung der Empfänger nicht konstant ist und sich im Zeitraum zwischen zwei Eichungen ändern kann.

4.2 Die Stationsfaktoren

Das beschriebene Verfahren erlaubt es, aus der Messung des Verhältnisses der Antennenspannungen zu zwei verschiedenen Zeitpunkten an mehreren Stationen die zu diesen Meßwerten gehörigen Parameter H_{250} und H_S mit bekanntem Maximalfehler zu bestimmen. Gleichzeitig erhält man aus den Feldstärkegebirgen der einzelnen Stationen maximal und minimal mögliche Feldstärkewerte bei einer Sendeleistung in Richtung der Empfängerkette von 1 kW. Für die Spannung an einer Antenne der effektiven Höhe H_{eff} gilt:

$$U_A = H_{eff} \cdot |\underline{E}| . \tag{101}$$

Wegen

$$|\underline{E}| = |\underline{E}_1 (1 \text{ kW})| \cdot \sqrt{N_S}$$

erhält man aus (101)

$$U_A = H_{eff} \cdot \sqrt{N_S} \cdot \underline{E}_1 . \tag{102}$$

Die Feldstärke bei einer Sendeleistung von N_S kW wird also um den Faktor $\sqrt{N_S}$ größer. Für die in willkürlichen Einheiten gemessenen Schreiberausschläge der einzelnen Stationen gilt damit:

$$A \, [\text{Skt}] = C_{station} \cdot H_{eff} \cdot \sqrt{N_S} \cdot |\underline{E}_1| . \tag{103}$$

Da sich mit dem Pegelflächenverfahren für jeden Zeitpunkt und damit auch für den zugehörigen Schreiberausschlag die Feldstärke eines Senders der Leistung 1 kW ermitteln läßt, kann man den Proportionalitätsfaktor $F_{stat} = C_{station} \cdot H_{eff} \cdot \sqrt{N_S}$ errechnen. Dabei bestimmt man natürlich einen Bereich endlicher Breite, da man auch für die Feldstärke keinen genauen Wert, sondern einen Bereich endlicher Breite erhält.

Für den Zeitraum vom 1. Oktober 1962 bis 4. April 1963 wurde dies Verfahren an 36 ausgewählten Tagen durchgeführt. Als Daten wurde möglichst jeder fünfte Tag vom 1. des Monats angefangen, als Zeitpunkte, für die das Verhältnis der Feldstärke an jeder Station zu bestimmen war, möglichst 1.00 und 13.00 MEZ gewählt. Soweit kleine Abweichungen von diesen gewünschten Daten und Tageszeiten auftreten, sind sie zugelassen, weil für die ersatzweise gewählten Termine bei zeitweiligen Geräteausfällen möglichst viele Stationen in Betrieb waren. Beispielsweise sind am 1. Oktober 1962 um 0.00 MEZ nur sechs Stationen Monster, Wageningen, Bocholt, Hohe Mark, Mönkeberg und Lindau in Betrieb, während um 13.00 MEZ zusätzlich die Station Beckum zur Verfügung stand. Tabelle 3 gibt die zugehörigen Feldstärkewerte und die Meßfehler an.

<u>Tabelle 3</u>

Station	Amplitude [Skt] Fehler [dB] 0.00 MEZ		Amplitude [Skt] Fehler [dB] 13.00 MEZ	
Monster	1.0	3	6.0	1
Wageningen	8.1	1	0.85	4
Bocholt	5.3	1	1.4	3
Hohe Mark	10.5	1	3.0	2
Beckum			4.7	1
Mönkeberg	3.0	2	4.0	1
Lindau	4.3	1	3.0	2

Die Durchführung des Pegelflächenverfahrens liefert folgende Gebiete in der Ebene der zwei Parameter (Abbildung 22).

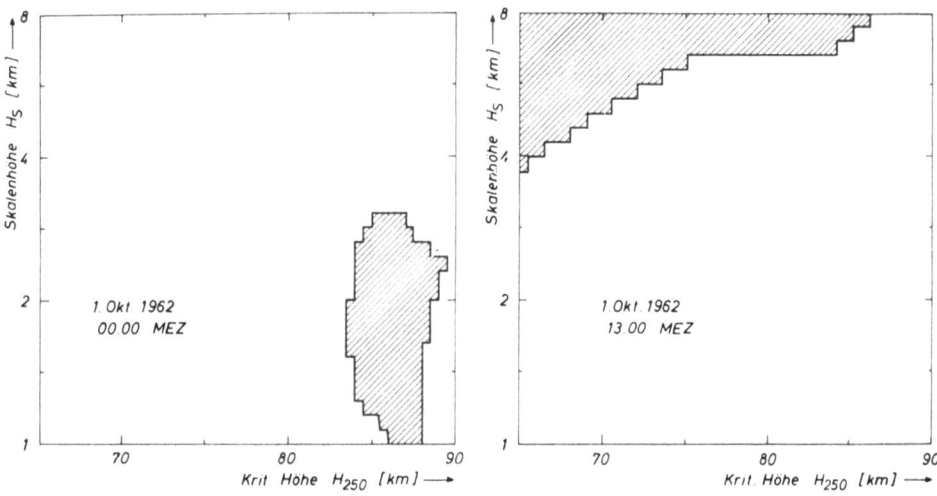

Abb. 22: Parametergebiete, die sich aus den gemessenen Pegeldifferenzen des 1. Okt. 1962 mit Hilfe des Pegelflächenverfahrens ergeben.

4.2   - 48 -

Die zu diesen Gebieten gehörenden maximalen und minimalen Feldstärkewerte, die man aus den Feldstärkegebirgen entnehmen kann, zeigt Tabelle 4.

<u>Tabelle 4</u>

Station	max. Amplit. [mV/m] 0.00 MEZ	min. Amplit. [mV/m]	max. Amplit. [mV/m] 13.00 MEZ	min. Amplit. [mV/m]
Monster	0.901	0.074	2.159	1.664
De Bilt	2.512	1.141	0.926	0.588
Wageningen	2.522	2.206	0.539	0.113
Bocholt	2.413	1.885	0.687	0.346
Hohe Mark	2.935	1.997	0.924	0.716
Beckum	2.480	1.210	1.054	0.773
Mönkeberg	1.455	0.803	1.055	0.841
Lindau	1.783	0.905	1.293	1.052

Der Quotient aus den gemessenen Feldstärkewerten und denjenigen Werten, die sich aus den Feldstärkegebirgen ergeben, liefert maximale und minimale Stationsfaktoren für den 1. Oktober 1962 0.00 und 13.00 MEZ. Wie man aus Abb. 22 erkennt, liefert das Pegelflächenverfahren in diesem Fall nur sehr ungenaue Aussagen über die möglichen Flächen in der Parameterebene und entsprechend auch große Differenzen zwischen den maximal und minimal möglichen Feldstärkewerten, so daß die hieraus ermittelten Stationsfaktoren ebenfalls nur ungenaue Abschätzungen ergeben können. Zur direkten Ermittlung der Stationsfaktoren für jeden einzelnen Tag und zur Bestimmung der richtigen Parameter aus den Meßwerten dieses Tages ist das Pegelflächenverfahren also nur beschränkt brauchbar.

Eine erhebliche Verbesserung erzielt man, wenn man das Verfahren für eine größere Anzahl von Tagen durchführt und den Mittelwert der ermittelten Stationsfaktoren gemeinsam benutzt. Dazu sind in Abb. 23 die Stationsfaktoren der einzelnen Stationen für alle benutzten Tage in zeitlicher Reihenfolge aufgetragen. Die Abszisse zeigt die Zeit, die Ordinate die Faktoren für die acht Stationen Monster, De Bilt, Wageningen, Bocholt, Hohe Mark, Beckum, Mönkeberg und Lindau. Die durchgezogenen Linien zeigen Ergebnisse für Zeitpunkte im Laufe der Nacht - meistens 1.00 MEZ - und die gestrichelten Linien Ergebnisse für Zeitpunkte während des Tages - meist 13.00 MEZ - . Man erkennt deutlich die schon erwähnte endliche Genauigkeit des Verfahrens für einen einzelnen Tag. Gleichzeitig sieht man, daß für Stationen im Bereich des Tageshauptminimums, also De Bilt, Wageningen und Bocholt, die Nachtmessungen eine größere Genauigkeit liefern, während für die weiter entfernten Stationen die möglichen Fehler aus Tagesmessungen kleiner sind. Dies Verhalten steht damit in Einklang, daß bei den Stationen im Bereich des Tagesminimums die hier natürlich sehr geringe Tagesfeldstärke nur mit geringerer Genauigkeit gemessen werden kann.

Besonders auffällig sind ferner einige sehr große Schwankungsbreiten der Stationsfaktoren von Stationen am Rand der Empfängerkette (Lindau, Mönkeberg, Monster). Die danach anscheinend möglichen, sehr großen Werte sind jedoch nur ein Zeichen dafür, daß in dem ermittelten Parametergebiet die Feldstärkegebirge der betreffenden Stationen ein Feldstärkeminimum enthalten.

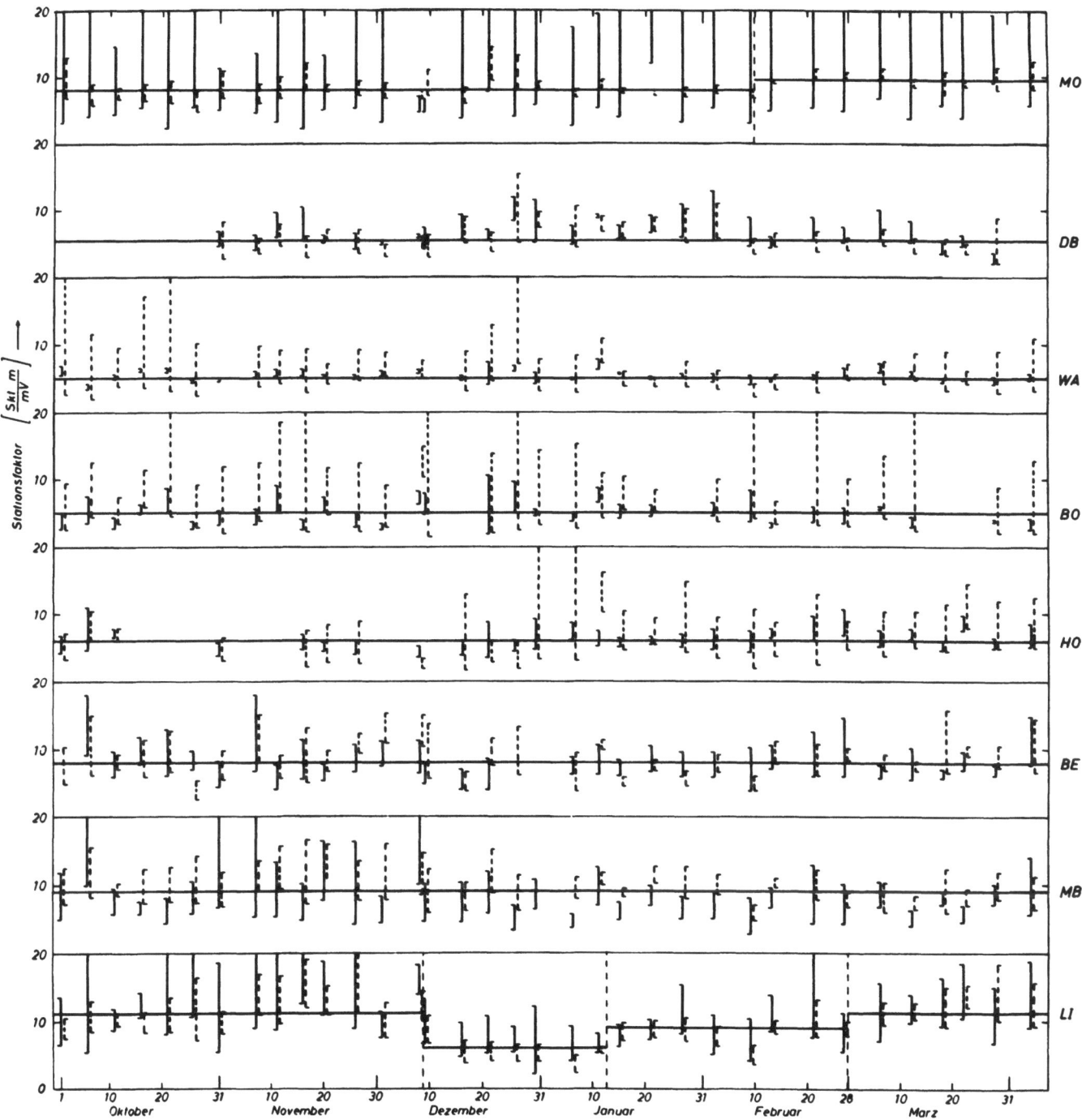

Abb. 23: Stationsfaktoren für die Zeit vom 1. Oktober 1962 bis zum 4. April 1963.

Bemerkenswert erscheint schließlich folgende Tatsache: Während für alle Stationen außer Monster und Lindau der Stationsfaktor in zwangloser Weise durch eine einzige Zahl während des gesamten Zeitraumes darstellbar ist, erfordern diese beiden Stationen eine zeitliche Unterteilung der Werte in mehrere Gruppen. Jeweils in einer Gruppe ist die Darstellung des Stationsfaktors durch eine Zahl möglich. In Abb. 23 sind diese Zahlen durch eine ausgezogene waagerechte Linie wiedergegeben. Die zeitliche Unterteilung deckt sich mit solchen Zeitintervallen, in denen verschiedene Antennen unterschiedlicher effektiver Höhe verwendet wurden. Die Grenzen solcher Zeitintervalle sind durch senkrechte gestrichelte Linien markiert. Die Übereinstimmung weist darauf hin, daß trotz der beschränkten Genauigkeit des Pegelflächenverfahrens die Genauigkeit der ermittelten Stationsfaktoren ausreichend ist, die Verwendung unterschiedlicher Antennen erkennen zu lassen. Dies wird besonders dadurch gestützt, daß sich für das 1. und 4. Zeitintervall der Station Lindau, währenddessen dieselbe Antenne verwendet wurde, auch derselbe Stationsfaktor ergibt.

4.3 Parameterbestimmung mit Stationsfaktoren

Die Verwendung der im vorigen Abschnitt ermittelten Stationsfaktoren bringt eine deutliche Verbesserung bei der Bestimmung der Ionosphärenparameter aus den Feldstärkemessungen an den einzelnen Stationen. Das erkennt man anhand von Abb. 24.

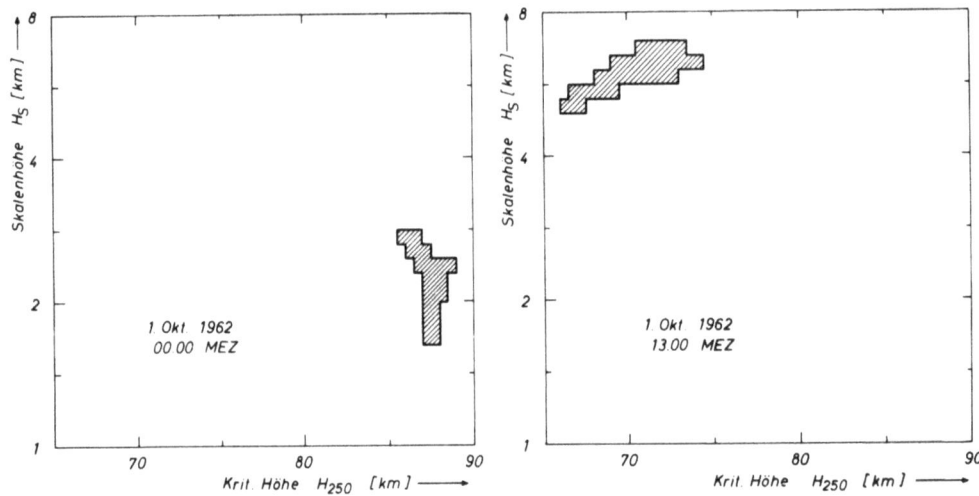

Abb. 24: Parametergebiete aus den Meßwerten des 1. Okt. 1962 unter Verwendung der Stationsfaktoren.

Für dieses Beispiel wurden dieselben Meßwerte wie in Tabelle 3 verwendet, jedoch wurden nicht die Änderungen der Feldstärke, sondern die Meßwerte selbst nach Division durch die Stationsfaktoren benutzt. Die damit bestimmten Parametergebiete zeigt Abb. 24. Man erkennt deutlich bei Vergleich mit Abb. 22, daß die ermittelten Parametergebiete genauer bestimmt werden konnten. Weiterhin sieht man, daß die Tageswerte durch niedrige kritische Höhe H_{250} und große Skalenhöhe H_S beschrieben werden. Die Nachtwerte liegen dagegen bei größeren kritischen Höhen H_{250} und geringerer Skalenhöhe H_S. Beides ist physikalisch sinnvoll und in Einklang mit anderen Beobachtungen. Das sei anhand der (durchaus typischen) Zahlenwerte der Parameter für den 1. Oktober 1962 veranschaulicht.

MECHTLY et al. [1967] geben ein Elektronendichteprofil für einen Sonnenstandswinkel $X = 60°$, das durch einen Raketenaufstieg über Wallops Island gewonnen wurde. Abb. 25 zeigt die dabei gewonnene Höhenabhängigkeit. Zum Vergleich ist die Exponentialkurve eingetragen, die sich aus der Parameterbestimmung mit Hilfe der Längstwellenbeobachtung bei der Zenitdistanz der Sonne $X = 55°$ ableiten läßt (13.00 MEZ). Die aus Längstwellenmessungen ermittelte Kurve und das Elektronendichteprofil nach MECHTLY et al. [1967] zeigen befriedigende Übereinstimmung. Es soll an dieser Stelle noch einmal darauf hingewiesen werden, daß das Verfahren der Parameterbestimmung insofern nicht direkt Elektronendichten liefert, als bei der Ermittlung der Reflexionsfaktoren eine bestimmte Verteilung der Stoßzahl in Abhängigkeit von der Höhe angenommen wurde. Da bei der Integration der Differentialgleichungen der Wellenausbreitung aber sowohl die Stoßzahl als auch die Elektronendichte verwendet werden, hat man

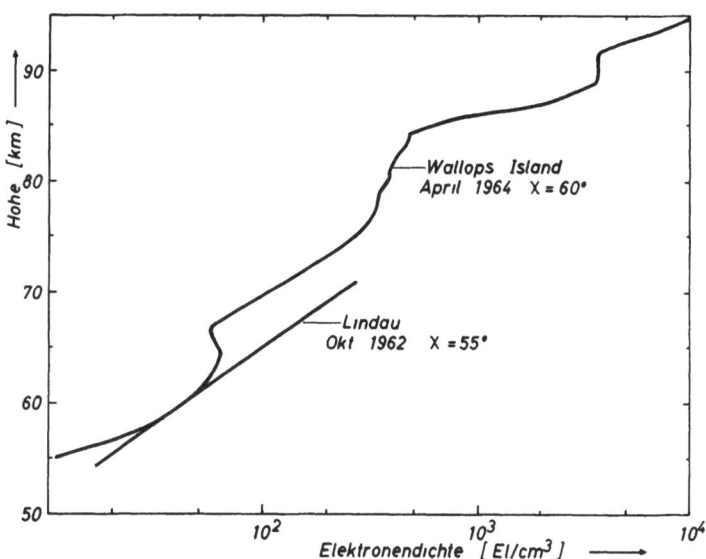

Abb. 25: Elektronendichteprofile nach MECHTLY et al. [1967] und nach Längstwellenmessungen. χ ist der Winkel der Zenitdistanz der Sonne.

durch die Verwendung eines festen Stoßzahlprofils Einschränkungen für den Bereich möglicher Ionosphärenparameter eingeführt. Für eine weitere Verbesserung der Beschreibung der Längstwellenausbreitung wird man also später diese Parameter ebenfalls variieren.

Für die nächtliche Elektronendichteverteilung geben MECHTLY und SMITH [1968] Meßergebnisse von Raketenaufstiegen vor Sonnenaufgang an. Abb. 26 zeigt die dabei ermittelten Elektronendichteprofile. Ebenfalls eingetragen ist das (durchaus typische) Exponentialprofil für den nächtlichen Zeitpunkt des als Beispiel gewählten 1. Oktober 1962. Die experimentellen Kurven sind mit dem aus Längstwellenmessungen ermittelten Exponentialprofil durchaus verträglich.

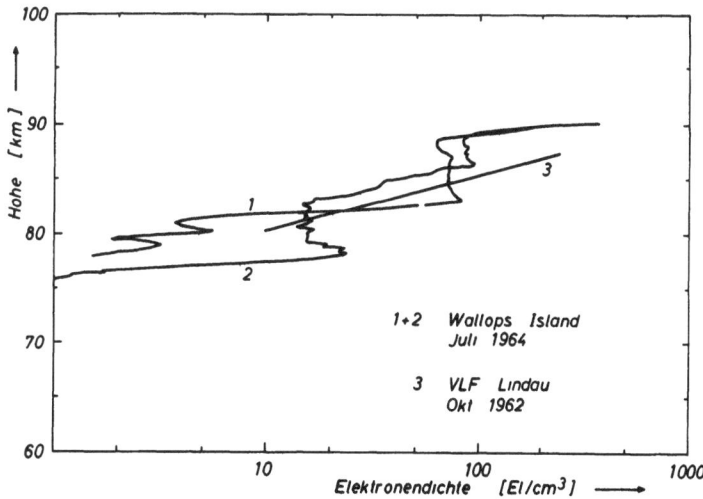

Abb. 26: Nächtliche Elektronendichteprofile nach MECHTLY und SMITH [1968] und nach Längstwellenmessungen.

4.4, 4.5   - 52 -

4.4 Jahreszeitliche Änderungen der kritischen Höhe

Für alle Tage, die bei der Ermittlung der Stationsfaktoren verwendet wurden, ist in derselben Weise wie im vorigen Beispiel die kritische Höhe H_{250} ermittelt worden. Abb. 27 zeigt die Ergebnisse dieser Rechnung.

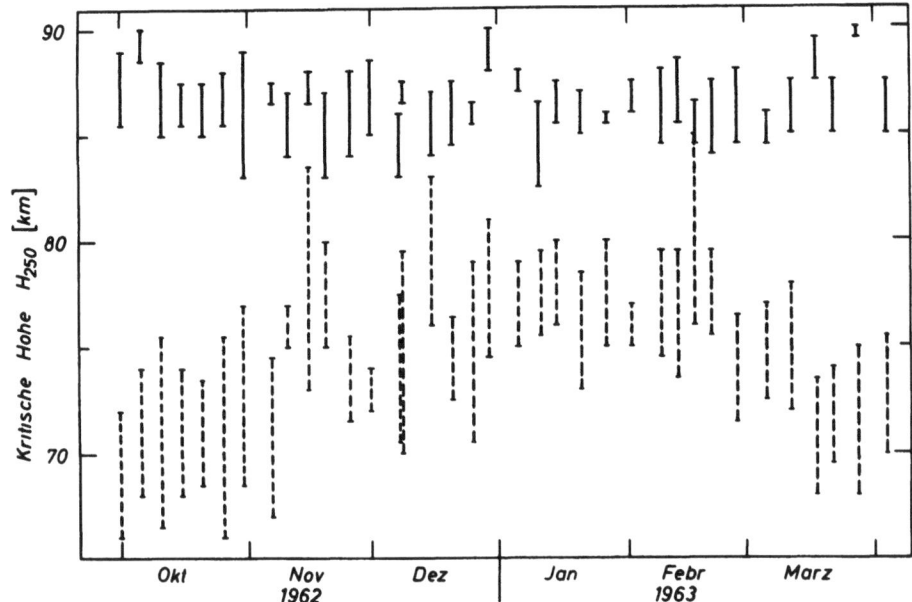

Abb. 27: Kritische Höhe H_{250} um 1.00 MEZ und 13.00 MEZ an 36 Tagen im Zeitraum vom 1. Oktober 1962 bis zum 4. April 1963.

Die Abbildung zeigt als Abszisse die Zeit und als Ordinate die kritische Höhe. Die gestrichelten Geraden sind die Mittagswerte, die durchgezogenen gelten für die Nacht. Die endliche Genauigkeit, dargestellt durch einen Balken endlicher Höhe, wird durch die Ausdehnung der ermittelten Parametergebiete verursacht. Man erkennt ein unterschiedliches Verhalten der Tages- und Nachtwerte. Die Tageswerte zeigen eine starke Abhängigkeit von der Jahreszeit, wobei tiefste Werte im Herbst und im Frühjahr erreicht werden, während die höchsten Werte Ende Dezember und Anfang Januar vorliegen. Eine derartige Abhängigkeit der Mittagswerte ist durchaus verständlich, da die kritische Höhe H_{250} am Tage durch die Sonne bestimmt wird und die mittägliche Zenitdistanz der Sonne im Winter am größten ist.

Demgegenüber zeigen die nächtlichen kritischen Höhen keine erkennbare Abhängigkeit von der Jahreszeit. Da die nächtliche Reflexionshöhe nicht vom Sonnenstand abhängig ist, ist auch dieses Verhalten durchaus sinnvoll. Gleichzeitig bestätigt es die Realität der Ergebnisse für die Tageswerte der kritischen Höhe H_{250}, denn wäre das dort angedeutete Verhalten durch einen systematischen Fehler bei der Bestimmung der Stationsfaktoren hervorgerufen, müßten die Nachtwerte denselben Gang wie die Tageswerte zeigen.

4.5 Tageszeitabhängiges Verhalten

Um die Vermutung zu prüfen, daß die Jahreszeitabhängigkeit der Mittagswerte mit der Höhe des mittäglichen Sonnenstandes zusammenhängt, wurde auch untersucht, ob die Parameter im Verlauf eines Tages eine systematische Variation zeigen. Die Ergebnisse für einen als Beispiel gewählten Tag zeigt Abb. 28.

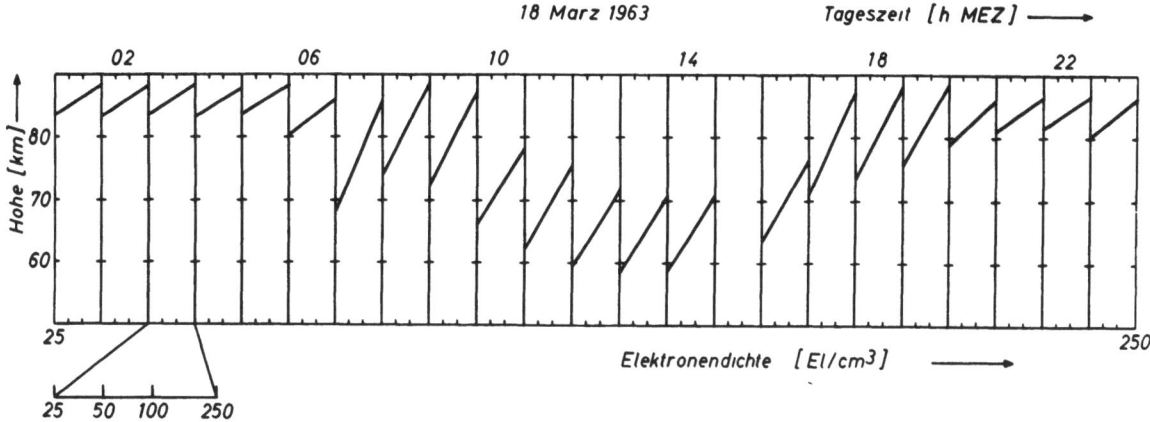

Abb. 28: Elektronendichteprofile für die Stunden von 01.00 bis 23.00 MEZ am 1. Oktober 1962. In jedem Kästchen ist als Abszisse die Elektronendichte (logarithmisch) und als Ordinate die Höhe dargestellt.

Hierbei sind die zwei Parameter kritische Höhe H_{250} und Skalenhöhe H_S gleichzeitig für jede volle Stunde von 01.00 bis 23.00 MEZ in 23 nebeneinander liegenden Kästchen dargestellt. In jedem Kästchen bedeutet die Abszisse logarithmisch die Elektronendichte von 25 El/cm^3 bis 250 El/cm^3 und die Ordinate die Höhe von 50 km bis 90 km. Wegen der halblogarithmischen Darstellung erscheinen dabei die einfachen Elektronendichtemodelle mit exponentiellem Verlauf als Geraden. In dieser Darstellung erkennt man gleichzeitig Veränderungen beider Parameter als Änderungen der Steilheit und der Lage der eingezeichneten Geraden. Wegen der täglichen Sendepause des Senders GBR Rugby von 14.00 bis 16.00 MEZ liegen für 15.00 MEZ keine Messungen vor und ist dementsprechend kein Elektronendichteprofil eingezeichnet.

Man erkennt sofort ein unterschiedliches Verhalten während der Tages- und Nachtstunden. Die Nachtwerte zeigen - abgesehen von unsystematischen Schwankungen - keinen deutlichen Gang mit der Zeit und einen schnellen Anstieg der Elektronendichte mit der Höhe. Demgegenüber tritt am Tage eine deutliche Abhängigkeit vom Sonnenstand auf. Weiterhin steigt die Elektronendichte in Abhängigkeit von der Höhe wesentlich langsamer an.

Eine Einschränkung ist für die Kurven bei Sonnenaufgang (07.00 MEZ) und Sonnenuntergang (19.00 MEZ) zu machen. Physikalisch erwartet man zur Zeit des Sonnenaufganges die Entstehung einer Doppelschicht, da zusätzlich zu den Elektronen des nächtlichen Reflexionsniveaus bei Beleuchtung der Schichten des Tagesreflexionsniveaus sich diese eventuell durch Photodetachment schnell mit freien Elektronen füllen und dadurch eine zweite Reflexionsschicht bilden [REVELLIO 1958]. Solange die Ausbildung der Tagesreflexionsschicht noch unvollständig ist, werden also die eindringenden Wellen zum Teil in der unteren Schicht und zum Teil im höher gelegenen Nachtreflexionsniveau reflektiert. Das Verhalten einer derartigen Doppelschicht weicht ganz wesentlich vom Verhalten einer exponentiell verlaufenden Schicht ab. Es ist daher nicht zu erwarten, daß durch das einfache exponentielle Modell die Ausbreitung der Längstwellen bei den komplizierten Verhältnissen des Sonnenaufganges und in geringerem Maße des Sonnenunterganges beschrieben werden kann. Das deutet sich auch in Abb. 28 an, da die Kurven für die Zeit des Sonnenaufganges weder zu den Nachtwerten noch in den Verlauf des Tagesganges passen. Ein weiteres Indiz ist die Tatsache, daß bei der Ermittlung der Parameter für die Zeit des Sonnenaufganges in der Regel keine Ermittlung einer Parameterkombination mit den eingegebenen Daten möglich war, sondern erst nach einer Vergrößerung der zuzulassenden Fehler um 2 bis 4 dB erfolgen konnte.

Bei einer für später geplanten Erweiterung der Theorie auf kompliziertere Ionosphärenmodelle mit einer größeren Anzahl von Parametern wird zweifellos auch eine bessere Beschreibung der Verhältnisse

4.6   - 54 -

beim Übergang von Tag und Nacht möglich sein. Gedacht ist an die Überlagerung einer Störung in Form einer Gaußkurve in Analogie zu WAIT und WALTERS [1963] . Weiterhin wird eine kompliziertere Form des Elektronendichteprofils erforderlich sein, wenn man die Ausbreitung für verschiedene Frequenzen und damit für einen größeren Ionosphärenbereich beschreiben will.

4.6 Jahreszeitabhängiges Verhalten

Da die beiden Parameter H_{250} und H_S ein exponentiell angenommenes Stück des Elektronendichteprofils vollständig beschreiben, ist die soeben eingeführte Darstellungsweise sehr zweckmäßig. Aus diesem Grund wurden für das halbe Jahr, in dem Messungen der Feldstärke an mehreren Stationen existieren,

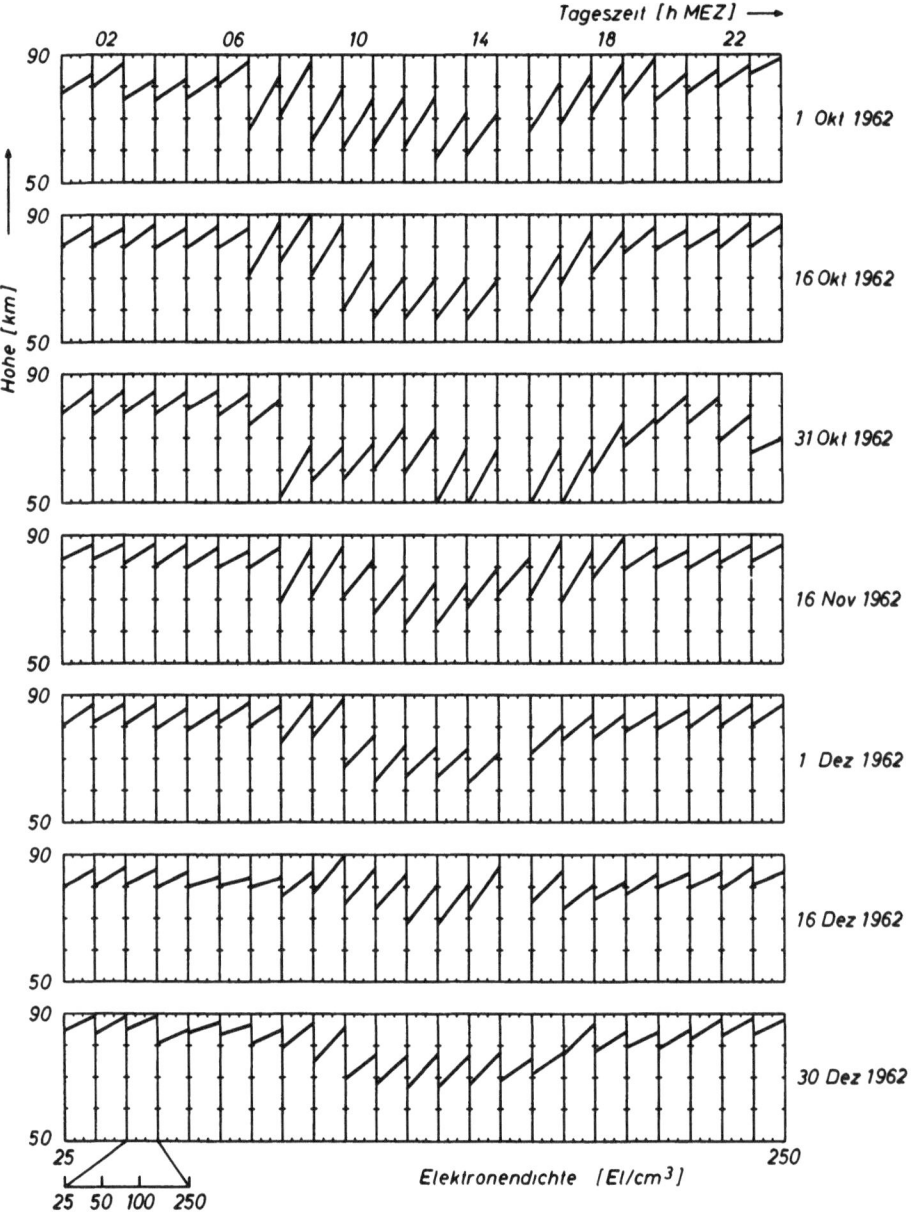

Abb. 29: Elektronendichteprofile für die Stunden von 01.00 bis 23.00 MEZ an sieben Tagen vom 1. Oktober 1962 bis zum 30. Dezember 1962.

dreizehn Tage im Abstand von etwa je zwei Wochen ausgewählt und die stündlich bestimmten Elektronendichteprofile analog zu Abb. 28 gezeichnet. Es wurden dazu jeweils möglichst ungestörte Tage benutzt. Damit erhält man einen Eindruck vom normalen Verhalten der tiefen Ionosphäre. Gerade hierüber ist nur wenig bekannt. Einerseits liefern nämlich andere vom Boden her erfolgende Messungen nur unzureichende Informationen, andererseits werden Untersuchungen durch direkte Raketenmessungen, die jeweils nur wenige Minuten erfassen können, in der Regel an gestörten Tagen mit besonders deutlichen Abweichungen vom normalen Verhalten gemacht.

Abb. 29 und Abb. 30 zeigen die Ergebnisse der durchgeführten Rechnungen für Tage, die unter diesem Gesichtspunkt ausgewählt wurden. Die Darstellung erfolgt in derselben Weise wie bei Abb. 28 beschrieben. Der einzige gestörte Tag ist der 31. Oktober. Leider stand für den Zeitraum von Ende Oktober bis

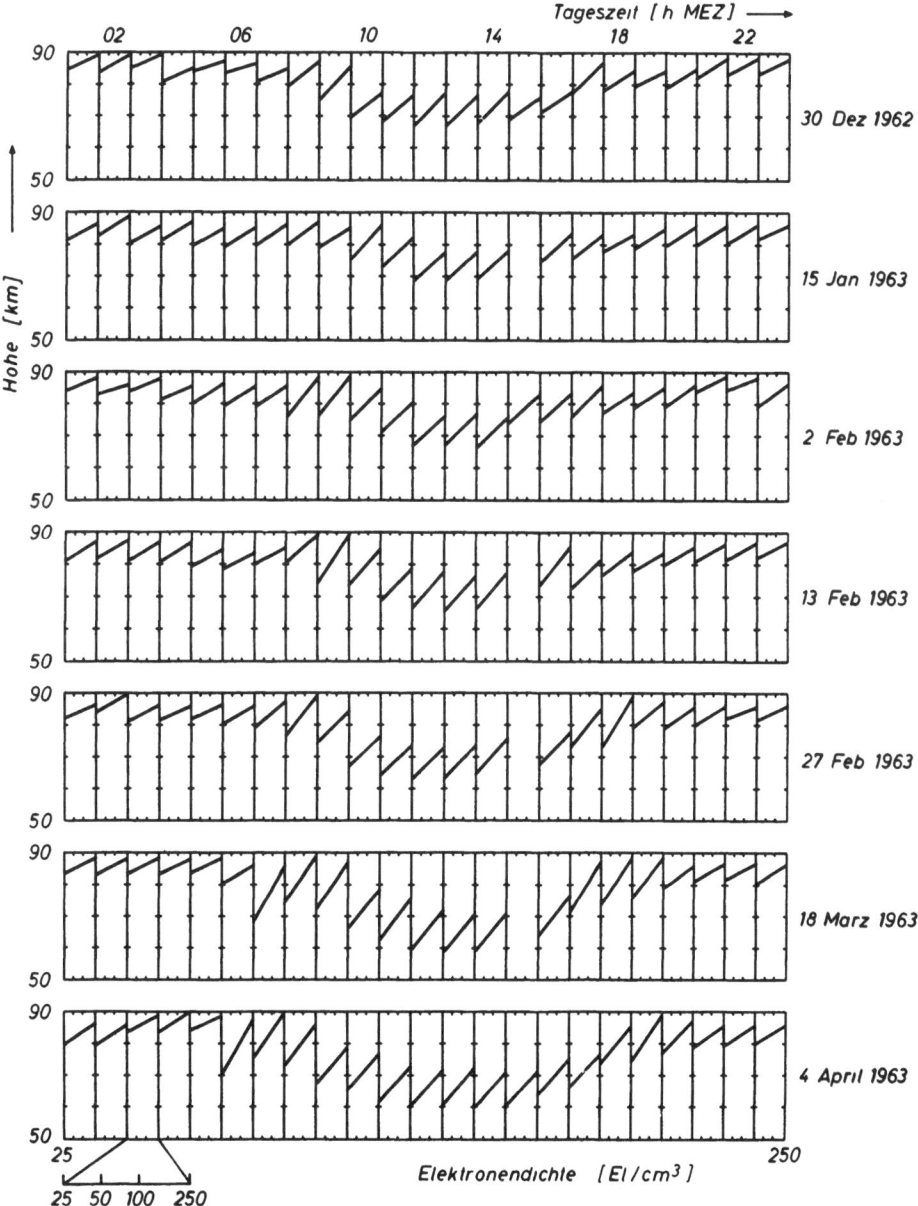

Abb. 30: Elektronendichteprofile für die Stunden von 01.00 bis 23.00 MEZ an sieben Tagen vom 30. Dezember 1962 bis zum 4. April 1963.

Anfang November 1962 kein ungestörter Tag zur Verfügung. Wie man schon aus den Originalregistrierungen erkennen kann, sind die Tage vom 22. Oktober bis etwa zum 6. November infolge zusätzlicher Ionisationen durch zwei sowjetische Atomwaffenexplosionen über Semipalatinsk am 22. Oktober und am 28. Oktober stark gestört [FRISIUS et al., 1964]. Die reflektierenden Schichten scheinen für den 31. Oktober gegenüber dem normalen Niveau herabgedrückt zu sein, was man aus den Kurven für den 31. Oktober deutlich erkennt. Da aber eine Zweischichtenreflexion wie für die Zeiten des Sonnenaufganges nicht ausgeschlossen werden kann, muß die genaue Interpretation der Messungen nach dem 22. Oktober einer späteren Arbeit vorbehalten bleiben, die kompliziertere Ionosphärenmodelle mit weiteren Parametern verwendet.

Auf beiden Abbildungen erkennt man eine tägliche und eine jährliche Variation. Die tägliche Variation beginnt mit der Zeit des Sonnenaufganges und endet bei Sonnenuntergang. Die Höhe des reflektierenden Bereiches der Ionosphäre sinkt mit abnehmender Zenitdistanz der Sonne. Die niedrigste kritische Höhe H_{250} wird gegen 13.00 MEZ erreicht. Diese Zeit stimmt etwa mit der Zeit der größten Sonnenhöhe für die geographischen Orte des Auftreffens der einmal reflektierten Welle auf die Ionosphäre überein. Die Skalenhöhe H_S des Elektronendichteprofils ist während der Tagesstunden deutlich größer als während der Nachtstunden, d.h. die Elektronendichte steigt bei Tage weniger schnell mit der Höhe an als während der Nacht.

Die jährliche Variation ist an drei Indizien zu erkennen. Am auffälligsten ist die unterschiedliche Differenz zwischen kritischer Höhe H_{250} und damit Reflexionshöhe am Tage und in der Nacht zur Zeit von Frühling und Herbst gegenüber den Wintermonaten. Dabei sinkt die Reflexionshöhe im Winter zur Mittagszeit um etwa 10 km weniger tief als im Herbst und im Frühjahr. Obwohl dieser Effekt sicher noch deutlicher zu erkennen wäre, falls man das Verhalten der Ionosphäre für ein ganzes Jahr untersuchen könnte, scheint er auch mit den allein für das Winterhalbjahr existierenden Messungen signifikant. Dieses Verhalten ist gut verständlich. Infolge des im Winter flacheren Auftreffens der Sonnenstrahlung auf die Atmosphäre kann sie weniger weit eindringen und ionisiert ein Gebiet in größerer Höhe über der Erdoberfläche.

Die zweite auffällige Erscheinung ist ein Unterschied in der Skalenhöhe für die Tagesprofile von Herbst und Frühjahr bzw. Winter. Während der Wintermonate scheint die Elektronendichte mit der Höhe schneller anzusteigen. Die Winterprofile sind also den Nachtprofilen ähnlicher als während des übrigen Jahres sowohl was die Reflexionshöhe als auch was die Skalenhöhe angeht. Beides ist nicht unvernünftig, wenn man bedenkt, daß die niedrig stehende Sonne weniger große Abweichungen vom normalen Nachtprofil hervorzurufen vermag.

Die dritte deutlich sichtbare jahreszeitliche Variation ist die unterschiedliche Länge der Zeit, in der Nachtprofile vorliegen. Man erkennt einen engen Zusammenhang zwischen der Tageslänge und der Zeit, in der nächtliche Elektronendichteprofile fehlen. Alle Beobachtungen bestätigen die Vermutung, daß die Sonne für die Entstehung der Tagesreflexionsniveaus verantwortlich ist, während man für die nächtlichen reflektierenden Schichten eine andere Ursache, etwa die kosmische Korpuskularstrahlung, anzunehmen hat.

4.7 Ausblick

In der vorliegenden Arbeit wird eine Rechenmethode angegeben, die eine Beschreibung der Längstwellenausbreitung im Bereich bis 1000 km unter der Annahme eines fest vorgegebenen Stoßzahlprofils und einfacher exponentieller Elektronendichteprofile mit zwei Parametern ermöglicht. Durch Vergleich mit vorhandenen Messungen konnte gezeigt werden, daß bereits diese stark vereinfachenden Annahmen in vielen Fällen eine Aussage über Bereiche der Ionosphäre ermöglichen, die anderen Verfahren der Beobachtung nur schwer zugänglich sind. Gleichzeitig ist bei der Zahl von zwei Parametern eine anschauliche

Darstellung der Ergebnisse möglich. Für die Zukunft wird es lohnend sein, auch Stoßzahlprofile zu variieren und für die Elektronendichteprofile eine kompliziertere Abhängigkeit von der Höhe in Rechnung zu setzen. Dadurch vergrößert sich die Zahl der Parameter, so daß auch die Auswertung und die Darstellung der Ergebnisse komplizierter werden. Die verwendeten Rechenmethoden sind für den Gebrauch einer elektronischen Rechenmaschine angepaßt. Daher wirkt sich eine derartige Komplizierung nur auf die Rechenzeit aus und ist im Prinzip leicht durchführbar.

Von der experimentellen Seite her wird es günstig sein, das Wellenfeld von Längstwellensendern mit verschiedenen Frequenzen auszumessen und damit eine größere Zahl von Parametern zu bestimmen. Auf diese Weise kann man eine kontinuierliche Überwachung der tiefen Ionosphäre vom Boden aus erreichen und eine Beschreibung ihrer wichtigsten Parameter auch für einen größeren Höhenbereich geben.

5. Zusammenfassung

Die Differentialgleichungen der Ausbreitung sehr langer Wellen in der Ionosphäre wurden integriert. Mit Hilfe der dabei ermittelten einfallswinkelabhängigen Reflexionskoeffizientenmatrix wurde das Wellenfeld eines Längstwellensenders im Entfernungsbereich bis 1000 km berechnet. Das dazu neu entwickelte strahlenoptische Rechenverfahren berücksichtigt die Erdkrümmung und macht keine einschränkenden Vereinfachungen für die Reflexionshöhen, wie es bei anderen Verfahren erforderlich ist. Weiterhin wurde untersucht, wieweit vorliegende Bodenregistrierungen der Feldstärke in verschiedenen Entfernungen von einem Längstwellensender Rückschlüsse auf den Zustand der Ionosphäre erlauben. Diese Untersuchungen zeigten, daß eine kontinuierliche Beobachtung der Elektronendichte in der tiefen Ionosphäre mit Hilfe von Längstwellenregistrierungen möglich ist. Für die Elektronendichte wurde ein Tages- und Jahresgang der kritischen Höhe ($N = 250 \, El/cm^3$) und der Skalenhöhe gefunden.

Summary

The differential equations of radio wave propagation in the ionosphere at very low frequencies (VLF) have been integrated. By means of the reflection coefficient matrix obtained, which depends on the angle of incidence, the wave field of a VLF-transmitter for ranges up to 1000 km has been calculated. The corresponding ray-optical method of calculation recently developed takes into account the curvature of the earth and does not involve any restriction concerning the height of reflection as is necessary in other methods.

Furthermore, the question to what extent available field strength records at different distances on the earth's surface from a VLF-transmitter permit conclusions on the state of the ionosphere has been examined. It turns out that with the help of such VLF-records a continuous observation of the electron density in the lower ionosphere is possible. For the electron density a diurnal and a seasonal variation of the critical height ($N = 250 \, El/cm^3$) and of the scale height has been found.

Für die interessante Aufgabenstellung und die Möglichkeit, die vorstehende Arbeit am Institut für Stratosphärenphysik durchzuführen, danke ich vor allem Herrn Professor Dr. A. E h m e r t . Durch Anregungen und Hinweise hat er entscheidend zum Gelingen beigetragen. Für sein lebhaftes und ermutigendes Interesse danke ich ihm herzlich.

Herrn Dipl. - Physiker W. D e g e n h a r d t gilt besonderer Dank für die ständige Bereitschaft zur Diskussion über strittige Fragen.

Bei der Aufstellung der Programme für die Rechenanlage IBM 7040 war Herr Dipl.-Physiker T. H e r b e r t bei der Fehlersuche behilflich.

Die Rechnungen konnten bei der Aerodynamischen Versuchsanstalt Göttingen durchgeführt werden.

Von Herrn Th. M ü l l e r wurden die Zeichnungen in bewährter Präzision angefertigt.

Die Schreibarbeiten übernahmen Frau M. G ü t t n e r und Frau I. B u r k h a r d t mit großer Zuverlässigkeit und Einsatzfreude.

6. Literaturverzeichnis

BARRON, D W : The numerical solution of differential equations governing the reflexion of long radio waves from the ionosphere. - Proc. Roy Soc. A 260 , 393, 1961.

BELROSE, J.S.: The lower ionosphere: A review.- IEE Conf. Pub. No. 36 , 331, 1967.

BLAIR, B.E., E.L. CROW, A.H. MORGAN:
Five years of VLF worldwide comparison of atomic frequency standards. - Radio Science 2, NSS, 627, 1967.

BREMMER, H.: Terrestrial Radio Waves.- Elsevier Publ. Comp., Amsterdam, 1949.

BUDDEN, K.G.: Radio waves in the ionosphere. - Cambridge University Press, 1961.

CASSELMAN, C.J., M.L. TIBBALS, D.P. HERITAGE:
VLF propagation measurements for the Radux-Omega navigation system. - Proc. IRE 47, 829, 1959.

CIRA: Cospar international reference atmosphere 1965.- CIRA 1965, North-Holland Publ. Comp., Amsterdam.

DEEKS, D.G.: D-region electron distributions in the middle latitudes deduced from the reflection of long radio waves.- Proc. Roy. Soc. A 291, 413, 1966a.

DEEKS, D.G.: Generalized full wave theory for energy-dependent collision frequnencies. - JATP 28 , 839, 1966b.

FRISIUS, J., A. EHMERT, D. STRATMANN:
Effects of distant high altitude nuclear tests on VLF-propagation. - JATP, 26 , 251, 1964.

FRISIUS, J.: Über die Bestimmung von Längstwellen-Ausbreitungsparametern aus Feldstärkemessungen am Erdboden. - Mitt. a. d. MPI für Aeronomie, Springer-Verlag, Berlin 1965.

HOLLINGWORTH, J.: The propagation of radio waves.- J. Inst. Elec. Eng. 64 , 579, 1926.

JOHLER, J.R.: Concerning limitations and further corrections to Geometric-Optical Theory for LF, VLF propagation between the ionosphere and the ground. - Radio Sc., Journ. of Res. NBS 68D, 67, 1964.

LANDOLT-BÖRNSTEIN: Astronomie und Geophysik. - Springer-Verlag, Berlin-Göttingen-Heidelberg 1952.

MECHTLY, E.A., S.A. BOWHILL, L.G. SMITH, H.W. KNOEBEL:
Lower ionosphere electron concentration and collision frequency from rocket measurements of Faraday rotation, differential absorption, and probe current. - J. Geophys. Res. 72 , 5239, 1967.

MECHTLY, E.A., L.G. SMITH: Growth of the D-region at sunrise.- JATP 30 , 363, 1968.

MERSON, R.H.: 1958 zitiert in: G.N. LANCE, Numerical methods of high speed computers. - Ilifee Ltd., London.

PIGGOTT, W.R., M.L.V. PITTEWAY, E.V. THRANE:
The numerical calculation of wave-fields, reflexion coefficients and polarisations for long radio waves in the lower ionosphere, II. - Phil. Trans. A 257, 243, 1965.

PITTEWAY, M.L.V.: The numerical calculation of wave-fields, reflexion coefficients and polarizations for long radio waves in the lower ionosphere, I. - Phil. Trans. A 257, 219, 1965.

RENARD, C.: Paper presented at XV URSI General Assembly Munich September 1966.- Zitiert bei MECHTLY und SMITH, 1968.

REVELLIO, K.: Die atmosphärischen Störungen und ihre Anwendung zur Untersuchung der unteren Ionosphäre. - Mitt. a.d. MPI f. Phys. d. Stratosphäre, Weißenau, 1956.

REVELLIO, K.: Weitere Messungen zum Sonnenaufgangseffekt der Längstwellenausbreitung. - Vortr. u. Ber. d. gemeins. Tagung d. Arbeitsgemeinsch. Ionosphäre d. Deutsch. URSI-Landesausschusses, Fachgruppe Wellenausbreitung der NTG, Kleinheubach 1958.

RIES, G.:	Untersuchung von Polarisationsfehlern bei der Längstwellenpeilung. - Dissertation Aachen 1964.
SCHELKUNOFF, S.A.:	The impedance concept and its application to problems of reflection, refraction, shielding and power absorption. - Bell. Syst. Techn. Journ. $\underline{17}$, 17, 1938.
SEN, H.K., A.A. WYLLER:	On the generalization of the Appleton-Hartree magnetoionic formulas. - J. Geophys. Res. $\underline{65}$, 3931, 1960.
STRATMANN, D.:	Beitrag zur Untersuchung der Ausbreitungsbedingungen von Längstwellen mit Hilfe einer Empfängerkette. - Diplomarbeit, Göttingen 1964.
THRANE, E.V., W.R. PIGGOTT:	The collision frequency in the E- and D-regions of the ionosphere. - JATP $\underline{28}$, 721, 1966.
THRANE, E.V., A. HAUG, B. BJELLAND, M. ANASTASSIADES, E. TSAGAKIS:	Measurements of D-region electron densities during the International Quiet Sun Years. - JATP, $\underline{30}$, 135, 1968.
VOLLAND, H.:	Die Reflexion sehr langer elektromagnetischer Wellen am anisotropen und inhomogenen Ionosphärenplasma. - Techn. Ber. d. Heinr.-Hertz-Instituts, Berlin, Nr. 67, 1963.
VOLLAND, H.:	The flat earth approximation of the theory of LF-propagation. - Zeitschr. f. Geophys. $\underline{32}$, 127, 1966.
VOLLAND, H.:	Die Ausbreitung langer Wellen. - Verlag Vieweg, Braunschweig, 1968.
WAIT, J.R., H.H. HOWE:	Amplitude and phase curves for ground-wave propagation in the band 200 cycles per second to 500 kilocycles. - NBS Circular, 574, 1956.
WAIT, J.R., L.C. WALTERS:	Reflection of VLF radio waves from an inhomogeneous ionosphere, Part II. Perturbed exponential model. - Journ. of Res. NBS $\underline{67D}$, 519, 1963.
WILLE, F., D. HOCHSTÄDTER, C. GRÜNEBERGER:	Die Programmiersprache FORTRAN IV der IBM-7040. - Bericht 65 R 05, Aerodynamische Versuchsanstalt, Göttingen, 1965.

ANHANG

```
  1
  2      C
  3      C        PROGRAMM ZUR BERECHNUNG DER REFLEXIONSKOEFFIZIENTEN DER IONO-
  4      C        SPHAERE FUER LAENGSTWELLEN
  5      C
  6               DIMENSION Y(8),YA(8),R(8),AR(2,2),WR(2,2),NAME(2)
  7               INTEGER AZ
  8               COMMON AUX(48),HM(3,3),ZX,WNWH,VWH,SI,CO,IS,WHW,VA,VB,ELA,ELB,ZBEG
  9              1IN,ZOBEN
 10      C
 11      C        EINGABE DER DATEN
 12      C
 13               READ(5,101)W,WH,VB,INKLI,AZ
 14       101     FORMAT(3E20.8,2I10)
 15         1     READ(5,102)NAME,ZBEGIN,ZEND,ELMAX,VA,ELA,ELB
 16       102     FORMAT(2A6,8X,3E20.8/3E20.8)
 17               WRITE(6,201)W,WH,INKLI,AZ,VA,VB,ELA,ELB,ZBEGIN,ZEND
 18       201     FORMAT(1H1,10X,13HE I N G A B E/11X,13H-------------///11X,14HFREQ
 19              1UENZ(W) = E10.3//11X,19HGYROFREQUENZ(WH) = E10.3,21X,21HINKLINATIO
 20              2N(INKLI) = I2//11X,27HAUSBREITUNGSRICHTUNG(AZ) = I3//11X,12HSTOSSZ
 21              3AHL(V),3X,17HV=EXP(-(H-VA)/VB),20X,3HVA=,E10.3,20X,3HVB=,E10.3//11
 22              4X,22HELEKTRONENDICHTE (ELN),3X,19HELN=EXP(H-ELA)/ELB),20X,4HELA=,E
 23              510.3,20X,4HELB=,E10.3//11X,23HINTEGRATIONSBEREICH VON,F6.1,7H KM B
 24              6IS,F6.1,3H KM)
 25               ZOBEN=ALOG(ELMAX)*ELB+ELA
 26               IF(ZOBEN.GT.ZBEGIN)GOTO 100
 27               WRITE(6,202)ZOBEN,ELMAX
 28       202     FORMAT(11X,15HOBERHALB VON H=,F6.1,37H KM KONSTANTE ELEKTRONENDICH
 29              1TE ELMAX=,F8.1,9H EL/CM**3)
 30               WINKI=FLOAT(90-INKLI)/57.29578
 31               ZAHL=ZBEGIN-ZEND
 32               ZX=W/3.E+05
 33               WNWH=3.1823E+09/W**2
 34               VWH=1./W
 35               WHW=WH/W
 36               WNW=WNWH*ELMAX
 37               DX=0.1
 38               WINKA=FLOAT(AZ)/57.29578
 39               RL=SIN(WINKI)*COS(WINKA)
 40               RM=SIN(WINKI)*SIN(WINKA)
 41               RN=COS(WINKI)
 42               HM(1,1)=WHW*RL
 43               HM(1,2)=WHW*RM
 44               HM(1,3)=WHW*RN
 45               HM(2,1)=1.-HM(1,1)**2
 46               HM(2,2)=1.-HM(1,2)**2
 47               HM(2,3)=1.-HM(1,3)**2
 48               HM(3,1)=WHW**2*RL*RM
 49               HM(3,2)=WHW**2*RL*RN
 50               HM(3,3)=WHW**2*RM*RN
 51               G=0.5*SQRT(WNW/HM(1,3))
 52               WINKE=-3.14159/18.
 53               DO                      22L=1,11
 54               IF(L-8)                 11,11,12
 55        11     WINKE=WINKE+3.14159/18.
 56               GOTO                    13
 57        12     WINKE=WINKE+3.14159/36.
 58        13     SI=SIN(WINKE)
 59               CO=COS(WINKE)
 60               WINKEA=180./3.1416*WINKE
 61               WRITE(6,301)NAME,WINKEA
 62       301     FORMAT(1H0//11X,2A6/11X,15HEINFALLSWINKEL=,F6.1)
 63               IF(L-1)                 23,23,24
 64      C
 65      C        NAEHERUNGSANFANGSWERTE DER ADMITTANZMATRIX
 66      C
```

```
 67      23   YA(1)=+G
 68           YA(2)=-G
 69           YA(3)=+G
 70           YA(4)=-G
 71           YA(5)=+G
 72           YA(6)=-G
 73           YA(7)=-G
 74           YA(8)=+G
 75    C
 76    C     ANFANGSWERTE DER ADMITTANZMATRIX
 77    C
 78      24   IS=1
 79           N=8
 80           F=1.E-04
 81           X=0.
 82           H=DX
 83           XE=DX
 84           DO                      15 M=1,8
 85      15   Y(M)=YA(M)
 86           WRITE(6,401)YA
 87     401   FORMAT(1H0,5X,7HYA(1-8) ,3X,8E13.5)
 88           KZW=0
 89      14   KZW=KZW+1
 90           CALL RKM1(N,F,X,H,XE,Y,III)
 91           DO                      16 M=1,8
 92           IF(ABS(Y(M)-YA(M))-ABS(Y(M))*1.E-03)16,18,18
 93      16   CONTINUE
 94           DO                      17 M=1,8
 95      17   YA(M)=Y(M)
 96           GO TO                   20
 97      18   DO                      19 M=1,8
 98      19   YA(M)=Y(M)
 99           XE=XE+DX
100           GO TO                   14
101      20   WRITE(6,501)YA,KZW
102     501   FORMAT(6X,7HYA(1-8) ,3X,8E13.5/11X,62HZAHL DER RECHENSCHRITTE ZUR E
103          1RMITTLUNG DER ANFANGSWERTE(KZW) =     I3)
104    C
105    C     ENDWERTE DER ADMITTANZMATRIX
106    C
107           IS=2
108           N=8
109           F=1.E-05
110           X=0.
111           H=DX
112           XE=ZAHL*ZX
113           DO                      21 M=1,8
114      21   Y(M)=YA(M)
115           CALL RKM1(N,F,X,H,XE,Y,III)
116           WRITE(6,601)Y,III
117     601   FORMAT(6X,7HY (1-8) ,3X,8E13.5/11X,49HZAHL DER INTERVALLE IM INTEG
118          1RATIONSBEREICH(III) = ,I5)
119    C
120    C     REFLEXIONSKOEFFIZIENTEN
121    C
122           DETR=Y(1)*Y(7)-Y(2)*Y(8)-Y(3)*Y(5)+Y(4)*Y(6)-CO*Y(1)+1./CO*Y(7)-1.
123           DETI=Y(1)*Y(8)+Y(2)*Y(7)-Y(3)*Y(6)-Y(4)*Y(5)-CO*Y(2)+1./CO*Y(8)
124           DETB=2./(DETR**2+DETI**2)
125           R(1)=1.+DETB*(DETR-DETR*Y(7)/CO-DETI*Y(8)/CO)
126           R(2)=DETB*(-DETI-DETR*Y(8)/CO+Y(7)*DETI/CO)
127           R(3)=-DETB*(DETR*Y(3)+DETI*Y(4))
128           R(4)=-DETB*(DETR*Y(4)-DETI*Y(3))
129           R(5)=-DETB*(DETR*Y(5)+DETI*Y(6))
130           R(6)=-DETB*(DETR*Y(6)-DETI*Y(5))
131           R(7)=-1.+DETB*(-DETR-CO*DETR*Y(1)-CO*DETI*Y(2))
132           R(8)=DETB*(DETI-CO*DETR*Y(2)+CO*DETI*Y(1))
```

```
133           WRITE(6,701)R
134     701   FORMAT(6X,7H R(1-8),3X,8E13.5)
135           AR(1,1)=SQRT(R(1)**2+R(2)**2)
136           AR(1,2)=SQRT(R(3)**2+R(4)**2)
137           AR(2,1)=SQRT(R(5)**2+R(6)**2)
138           AR(2,2)=SQRT(R(7)**2+R(8)**2)
139           WR(1,1)=57.29*ATAN2(R(2),R(1))
140           WR(1,2)=57.29*ATAN2(R(4),R(3))
141           WR(2,1)=57.29*ATAN2(R(6),R(5))
142           WR(2,2)=57.29*ATAN2(R(8),R(7))
143           WRITE(7,901)WINKEA,NAME,AR,WINKEA,NAME,WR
144     901   FORMAT(2HAR,1X,F4.0,1X,2A6,4E15.8/2HWR,1X,F4.0,1X,2A6,4E15.8)
145     22    WRITE(6,801)AR,WR
146     801   FORMAT(1H0,5X,8HREFLKOEF,2X,5HAR11=,E13.6,5X,5HAR21=,E13.6,5X,5HAR
147          112=,E13.6,5X,5HAR22=,E13.6/16X,5HWR11=,E13.6,5X,5HWR21=,E13.6,5X,5
148          2HWR12=,E13.6,5X,5HWR22=,E13.6)
149           GO TO           1
150     100   WRITE(6,1000)NAME,ELMAX
151     1000  FORMAT(1H1,6X,10HFUER KURVE,2A6,43H LIEGT DIE MAXIMALE ELEKTRONENK
152          10NZENTRATION,F6.1,50H AUSSERHALB DES VORGEGEBENEN INTEGRATIONSBERE
153          2ICHES)
154           GOTO            1
155     1001  END
```

```
      C
      C     UNTERPROGRAMM RKM1 INTEGRIERT GEW. GEK. DIFFERENTIALGLEICHUNGEN
      C     1. ORDNUNG NACH RUNGE-KUTTA-MERSON ( VARIABLE SCHRITTWEITE )
      C
            SUBROUTINE RKM1(NGL,F,XANF,DX,XEND,Y,III)
            DIMENSION Y(8),YH(8),YZWIWE(8)
            COMMON AUX(48),HM(3,3),ZX,WNWH,VWH,SI,CO,IS,WHW,VA,VB,ELA,ELB,ZBEG
           1IN,ZOBEN
            III=0
            ICPT1=1
            N=NGL
            X=XANF
            H=DX
            XE=XEND
            N2=N*2
            N3=N*3
            N4=N*4
            N5=N*5
            OFGR=5.*ABS(F)
            UFGR=OFGR/32.
            IF(H)                  2,1,2
          1 H=1./16.
          2 H2=H/2.
            H3=H/3.
          4 III=III+1
      C
      C     PRUEFUNG AUF LETZTEN SCHRITT
      C
            IF(ABS(XE-X)-ABS(H))   5,5,10
          5 ICPT1=2
            DX=H
            H=XE-X
            H2=H/2.
            H3=H/3.
      C
      C     WEGSPEICHERN DER LAUFENDEN VERAENDERLICHEN X,Y
      C
         10 XL=X
            DO                     15 I=1,N
            KYL=I+N
         15 AUX(KYL)=Y(I)
      C
      C     BERECHNUNG ALLER K-WERTE
      C
            CALL DAUX(N,X,Y)
            DO                     20 I=1,N
            KYL=I+N
            K1=I+N2
            AUX(K1)=H3*AUX(I)
         20 Y(I)=AUX(KYL)+AUX(K1)
            X=XL+H3
            CALL DAUX(N,X,Y)
            DO                     25 I=1,N
            KYL=I+N
            K1=I+N2
            ZW=H3*AUX(I)
         25 Y(I)=AUX(KYL)+0.5*(AUX(K1)+ZW)
            CALL DAUX(N,X,Y)
            DO                     30 I=1,N
            KYL=I+N
            K1=I+N2
            K3=I+N3
            AUX(K3)=H*AUX(I)
         30 Y(I)=AUX(KYL)+0.375*(AUX(K1)+AUX(K3))
            X=XL+H2
```

```
 67            CALL DAUX(N,X,Y)
 68            DO                        35 I=1,N
 69            DO                        35 I=1,N
 70            KYL=I+N
 71            K1=I+N2
 72            K3=I+N3
 73            K4=I+N4
 74            AUX(K4)=4.*H3*AUX(I)
 75     35     Y(I)=AUX(KYL)+1.5*(AUX(K1)-AUX(K3)+AUX(K4))
 76            X=XL+H
 77            CALL DAUX(N,X,Y)
 78            ICPT2=1
 79            DO                        50 I=1,N
 80            K1=I+N2
 81            K3=I+N3
 82            K4=I+N4
 83            K5=I+N5
 84            AUX(K5)=H3*AUX(I)
 85     C
 86     C      FEHLERABFRAGE
 87     C
 88            FEHL=ABS(AUX(K1)+AUX(K4)-0.5*(3.*AUX(K3)+AUX(K5)))
 89            IF(FEHL-OFGR)             40,40,70
 90     40     IF(FEHL-UFGR)             50,41,41
 91     41     ICPT2=2
 92     50     CONTINUE
 93     C
 94     C      ENDWERTE NACH Y(I)
 95     C
 96            DO                        55 I=1,N
 97            KYL=I+N
 98            K1=I+N2
 99            K4=I+N4
100            K5=I+N5
101     55     Y(I)=AUX(KYL)+0.5*(AUX(K1)+AUX(K4)+AUX(K5))
102    170     GO TO                     (60,57),ICPT1
103     60     GO TO                     (65,4),ICPT2
104     57     XANF=XE
105            RETURN
106     C
107     C      FEHLER UNNOETIG KLEIN
108     C
109     65     H=H*2.
110            GO TO                     2
111     C
112     C      FEHLER ZU GROSS
113     C
114     70     ICPT1=1
115            H=H/2.
116            X=XL
117            DO                        75 I=1,N
118            KYL=I+N
119     75     Y(I)=AUX(KYL)
120            GO TO                     2
121     80     END
```

```
      C
      C     UNTERPROGRAMM DAUX VERKNUEPFT DIE ABLEITUNGEN DER VARIABLEN MIT
      C     DEN VARIABLEN ( DIFFERENTIALGLEICHUNGEN )
      C
            SUBROUTINE DAUX(N,X,YV)
            DIMENSION Y(8),YV(8)
            COMMON AUX(48),HM 3,3),ZX,WNWH,VWH,SI,CO,IS,WHW,VA,VB,ELA,ELB,ZBEG
           1IN,ZOBEN
            DO                        10 I=1,8
   10       Y(I)=YV(I)
            Z=ZBEGIN-X/ZX
            WNW1=WNWH*EXP((ZOBEN-ELA)/ELB)
            GO TO                    (11,21),IS
   11       VW=VWH*EXP(-(ZBEGIN-VA)/VB)
            WNW=WNW1
            IF(X)                    31,31,41
   21       VW=VWH*EXP(-(Z-VA)/VB)
            IF(Z.LT.ZOBEN)GOTO       22
            WNW=WNW1
            GOTO                     31
   22       WNW=WNWH*EXP((Z-ELA)/ELB)
      C
      C     KOEFFIZIENTENHILFSGROESSEN
      C
   31       D=3.*VW-VW**3-VW*WHW**2
            F=1.-3.*VW**2-WHW**2
            E=-WNW/(F**2+D**2)
            HR=E*F
            HI=E*D
            HGR=E*(-F*VW+2.*D)*VW
            HGI=E*(-D*VW-2.*F)*VW
            HUR=E*(-F*VW+D)
            HUI=E*(-D*VW-F)
            S11R=HGR+HR*HM(2,1)
            S11I=HGI+HI*HM(2,1)
            S12R=HUR*HM(1,3)-HR*HM(3,1)
            S12I=HUI*HM(1,3)-HI*HM(3,1)
            S13R=-HUR*HM(1,2)-HR*HM(3,2)
            S13I=-HUI*HM(1,2)-HI*HM(3,2)
            S21R=-HUR*HM(1,3)-HR*HM(3,1)
            S21I=-HUI*HM(1,3)-HI*HM(3,1)
            S22R=HGR+HR*HM(2,2)
            S22I=HGI+HI*HM(2,2)
            S23R=HUR*HM(1,1)-HR*HM(3,3)
            S23I=HUI*HM(1,1)-HI*HM(3,3)
            S31R=HUR*HM(1,2)-HR*HM(3,2)
            S31I=HUI*HM(1,2)-HI*HM(3,2)
            S32R=-HUR*HM(1,1)-HR*HM(3,3)
            S32I=-HUI*HM(1,1)-HI*HM(3,3)
            S33R=HGR+HR*HM(2,3)
            S33I=HGI+HI*HM(2,3)
            B=1.+S33R
            A=1./(B**2+S33I**2)
      C
      C     KOEFFIZIENTEN
      C
            T11R=-SI*A*(B*S31R+S31I*S33I)
            T11I=-SI*A*(B*S31I-S31R*S33I)
            T12R=SI*A*(B*S32R+S32I*S33I)
            T12I=SI*A*(B*S32I-S32R*S33I)
            T14R=A*(CO**2*B+B*S33R+S33I**2)
            T14I=A*(-CO**2*S33I+B*S33I-S33R*S33I)
            T31R=A*(B*S23R*S31R-B*S23I*S31I+S23R*S31I*S33I+S23I*S31R*S33I)-
           1S21R
            T31I=A*(B*S23R*S31I+B*S23I*S31R-S23R*S31R*S33I+S23I*S31I*S33I)-
```

```
 67            1S21I
 68            T32R=-A*(B*S23R*S32R-B*S23I*S32I+S23R*S32I*S33I+S23I*S32R*S33I)+
 69           1CO**2*S22R
 70            T32I=-A*(B*S23R*S32I+B*S23I*S32R-S23R*S32R*S33I+S23I*S32I*S33I)+
 71           1S22I
 72            T34R=SI*A*(B*S23R+S23I*S33I)
 73       8    T34I=SI*A*(B*S23I-S23R*S33I)
 74            T41R=-A*(B*S13R*S31R-B*S13I*S31I+S13R*S31I*S33I+S13I*S31R*S33I)+
 75           11.+S11R
 76            T41I=-A*(B*S13R*S31I+B*S13I*S31R-S13R*S31R*S33I+S13I*S31I*S33I)+
 77           1S11I
 78            T42R=A*(B*S13R*S32R-B*S13I*S32I+S13R*S32I*S33I+S13I*S32R*S33I)-
 79           1S12R
 80            T42I=A*(B*S13R*S32I+B*S13I*S32R-S13R*S32R*S33I+S13I*S32I*S33I)-
 81           1S12I
 82            T44R=-SI*A*(B*S13R+S13I*S33I)
 83            T44I=-SI*A*(B*S13I-S13R*S33I)
 84      C
 85      C     DIFFERENTIALGLEICHUNGEN
 86      C
 87      41    AUX(1)=T14I*Y(1)**2-T14I*Y(2)**2+2.*T14R*Y(1)*Y(2)-Y(3)*Y(6)
 88           1-Y(4)*Y(5)+(T11I-T44I)*Y(1)+(T11R-T44R)*Y(2)-T41I
 89            AUX(2)=-T14R*Y(1)**2+T14R*Y(2)**2+2.*T14I*Y(1)*Y(2)+Y(3)*Y(5)
 90           1-Y(4)*Y(6)-(T11R-T44R)*Y(1)+(T11I-T44I)*Y(2)+T41R
 91            AUX(3)=T14I*Y(1)*Y(3)+T14R*Y(1)*Y(4)+T14R*Y(2)*Y(3)-T14I*Y(2)*Y(4)
 92           1-Y(3)*Y(8)-Y(4)*Y(7)-T12I*Y(1)-T12R*Y(2)-T44I*Y(3)-T44R*Y(4)+T42I
 93            AUX(4)=-T14R*Y(1)*Y(3)+T14I*Y(1)*Y(4)+T14I*Y(2)*Y(3)+T14R*Y(2)*Y(4
 94           1)+Y(3)*Y(7)-Y(4)*Y(8)+T12R*Y(1)-T12I*Y(2)+T44R*Y(3)-T44I*Y(4)-T42R
 95            AUX(5)=T14I*Y(1)*Y(5)+T14R*Y(1)*Y(6)+T14R*Y(2)*Y(5)-T14I*Y(2)*Y(6)
 96           1-Y(5)*Y(8)-Y(6)*Y(7)-T34I*Y(1)-T34R*Y(2)+T11I*Y(5)+T11R*Y(6)-T31I
 97            AUX(6)=-T14R*Y(1)*Y(5)+T14I*Y(1)*Y(6)+T14I*Y(2)*Y(5)+T14R*Y(2)*Y(6
 98           1)+Y(5)*Y(7)-Y(6)*Y(8)+T34R*Y(1)-T34I*Y(2)-T11R*Y(5)+T11I*Y(6)+T31R
 99            AUX(7)=T14I*Y(3)*Y(5)+T14R*Y(3)*Y(6)+T14R*Y(4)*Y(5)-T14I*Y(4)*Y(6)
100           1-2.*Y(7)*Y(8)-T34I*Y(3)-T34R*Y(4)-T12I*Y(5)-T12R*Y(6)+T32I
101            AUX(8)=-T14R*Y(3)*Y(5)+T41I*Y(3)*Y(6)+T14I*Y(4)*Y(5)+T14R*Y(4)*Y(6
102           1)+Y(7)**2-Y(8)**2+T34R*Y(3)-T34I*Y(4)+T12R*Y(5)-T12I*Y(6)-T32R
103            RETURN
104            END
```

```
 1
 2      C
 3      C      DAS PROGRAMM BERECHNET FUER GEGEBENE ENTFERNUNG UND IONOSPHAEREN -
 4      C      DATEN ( REFLEXIONSFAKTOR NACH BETRAG UND PHASE , REFLEXIONSHOEHE )
 5      C      FELDSTAERKEGEBIRGE UND SPEICHERT DIESE AUF MAGNETBAND
 6      C
 7             DOUBLEPRECISION DELTI,DELTA,FAKTOR,DELTAA,DELTAN,COTALT,COTN,COTE,
 8            1COTEQ,DELDEL,DECOTE,QUOT,QUOT1,ZWIWE,COTDEL
 9             DOUBLEPRECISION THETAE,THETAI
10             DIMENSION WA(10),WP(10)
11             COMMON/KOEFBL/KSPEIR(5,110,2),NGR11
12             DIMENSION THETAI(4),HV(4),COTHI(4),COTDEL(4),DELTI(4)
13             DIMENSION R(19,4),PHI(23,4),H(23,4)
14             DIMENSION R11(19),R12(19),R21(19),R22(19),PHI11(23),PHI12(23),PHI2
15            11(23),PHI22(23),H11(23),H12(23),H21(23),H22(23)
16             DIMENSION WINKEL(9),FELD(9),DISTAN(9),WINKE1(9),FELD1(9)
17             DIMENSION AUSLAS(20),GROESS(262)
18             DIMENSION NAME(2),NAME1(2),NAME2(2)
19             EQUIVALENCE(R11,R(1,3)),(R12,R(1,1)),(R21,R(1,2)),(R22,R(1,4)),(PH
20            1I11,PHI(1,3)),(PHI12,PHI(1,1)),(PHI21,PHI(1,2)),(PHI22,PHI(1,4)),(
21            2H11,H(1,3)),(H12,H(1,1)),(H21,H(1,2)),(H22,H(1,4))
22             DATA NAME1/12HRELIWAIT6371/NAME2/12HNORM6371RELI/
23      C
24      C      EINGABE DER DATEN
25      C
26             READ(5,1000)(WA(I),WP(I),I=1,10)
27       1000 FORMAT(21X,F20.5,F20.3)
28             FEHLER=0.02
29             KM=9
30             READ(5,2000)(DISTAN(I),I=1,KM)
31       2000 FORMAT(4E20.8)
32             RNULL=6371.
33             WK=16.*6.283185/299.79
34             READ(5,3000)INDEX
35       3000 FORMAT(I5)
36             PAUSE                  1111
37             CALL DAUER(1)
38         10 REWIND                 1
39             REWIND                 2
40             REWIND                 3
41             IF(INDEX.EQ.0)GOTO     50
42             READ(1)NAME
43      C
44      C      KONTROLLE AUF RICHTIGES EINLEGEN DER MAGNETBAENDER
45      C
46             IF(NAME(1).NE.NAME1(1))GOTO20
47             IF(NAME(2).NE.NAME1(2))GOTO20
48             READ(2)NAME
49             IF(NAME(1).NE.NAME2(1))GOTO20
50             IF(NAME(2).EQ.NAME2(2))GOTO30
51         20 PAUSE                  2222
52             CALL DAUER(1)
53             GOTO                   10
54         30 DO                     40I=1,INDEX
55             READ(1)AUSLAS
56             READ(2)AUSLAS
57             READ(3)GROESS
58         40 CONTINUE
59             GOTO                   1
60         50 WRITE(1)NAME1
61             WRITE(2)NAME2
62      C
63      C      IONOSPHAERENDATEN EINLESEN
64      C
65          1 READ(3)ABSV,ORV,R11,R12,R21,R22,PHI11,PHI12,PHI21,PHI22,H11,H12,H2
66            11,H22
```

```
67              INDEX=INDEX+1
68              DO                      61K=1,4
69              DO                      61J=1,23
70              PHI(J,K)=PHI(J,K)/57.29578
71         61   CONTINUE
72         C
73         C    FELDSTAERKEBERECHNUNG FUER GEGEBENE ENTFERNUNG
74         C
75              DO                      400K=1,KM
76              RHO=DISTAN(K)
77              RHONOR=RHO/100.
78              KE=RHONOR
79              LE=KE+1
80              FE=RHONOR-FLOAT(KE)
81              WAMPLI=WA(KE)+FE*(WA(LE)-WA(KE))
82              WPHASE=(WP(KE)+FE*(WP(LE)-WP(KE)))/57.29578
83              DELTA1=RHO/RNULL
84              DELTA2=DELTA1/2.
85              SIN1=SIN(DELTA1)
86         C
87         C    BODENWELLE
88         C
89              REELL=0.5/DELTA1*COS(WPHASE)*WAMPLI
90              HIMAG=0.5/DELTA1*SIN(WPHASE)*WAMPLI
91              REELLR=REELL
92              HIMAGR=HIMAG
93              COTE=1.D0
94              COTEQ=1.D0
95              THETAE=45.D0/57.29578D0
96              M=0
97              DO                      65J=1,5
98              KSPEIR(J,1,1)=0
99         65   KSPEIR(J,1,2)=0
100             KSPEIR(5,1,1)=1
101        C
102        C    REFLEXIONSORDNUNG
103        C
104        70   M=M+1
105             IF(M.GE.21)GOTO         380
106             SINM=SIN(DELTA2/FLOAT(M))
107             COSM=COS(DELTA2/FLOAT(M))
108             DO                      71I=1,4
109             DELTI(I)=DELTA2/FLOAT(M)
110             THETAI(I)=THETAE-DELTI(I)
111        71   CONTINUE
112             CALL KOEFFN(M)
113             N1=0
114        C
115        C    SUMMAND BEI REFLEXIONSORDNUNG M
116        C
117        330  N1=N1+1
118             IF(N1.GT.NGR11)GOTO     375
119             IF(KSPEIR(5,N1,1).EQ.0)GOTO330
120             K1=0
121        335  DELTA=0.D0
122             K1=K1+1
123             DO                      365I=1,4
124             IF(KSPEIR(I,N1,1).EQ.0)GOTO365
125             COTHI(I)=1./ATAN(SNGL(THETAI(I)))
126             COTHI2=COTHI(I)*2.
127             NA=COTHI2+1.
128             NB=NA+1
129             FA=COTHI2-FLOAT(NA-1)
130             HV(I)=H(NA,I)+FA*(H(NB,I)-H(NA,I))
131        350  QUOT1=(RNULL/(RNULL+HV(I)))**2
132             ZWIWE=1.D0-QUOT1
```

```
133           COTDEL(I)=(COTE+DSQRT(COTEQ-ZWIWE*(COTEQ-QUOT1)))/ZWIWE
134           DELTI(I)=DATAN(1.D0/COTDEL(I))
135     365   DELTA=DELTA+FLOAT(KSPEIR(I,N1,1))*DELTI(I)
136           FAKTOR=DELTA/DELTA2
137           DELTAN=DELTA
138           COTN=COTE
139     C
140     C     AUSTRITTSWINKEL AM ERDBODEN
141     C
142           COTE=COTE*FAKTOR
143           COTEQ=COTE**2
144           THETAE=DATAN(1.D0/COTE)
145           DO                      366 I=1,4
146           IF(KSPEIR(I,N1,1).EQ.0)GOTO366
147           DELTI(I)=DELTI(I)/FAKTOR
148           THETAI(I)=THETAE-DELTI(I)
149           COTHI(I)=1./ATAN(SNGL(THETAI(I)))
150     366   CONTINUE
151           IF(K1.GE.15)GOTO        367
152           IF(ABS(FAKTOR-1.).GT.1.E-6)GOTO335
153           GOTO                    368
154     367   WRITE(6,4000)K,M,N1,K1,FAKTOR,INDEX
155     4000  FORMAT(11X,36HACHTUNG.SCHLECHTE KONVERGENZ FUER K=,I2,5X,2HM=,I3,
156          15X,3HN1=,I4,5X,3HK1=,I3,5X,7HFAKTOR=,D15.8,7H INDEX=,I5)
157     368   RGESMT=1.
158           RLGST=0.
159           PHIGST=0.
160           DELTA=0.D0
161           DO                      373 I=1,4
162           IF(KSPEIR(I,N1,1).EQ.0)GOTO373
163           COTHI1=COTHI(I)
164           THETAR=SNGL(THETAI(I))*5.729578
165           THETAR=THETAR*2.
166           KB=THETAR
167           MB=KB+1
168           NB=MB+1
169           F=(THETAR-FLOAT(KB))
170           RR=R(MB,I)+(R(NB,I)-R(MB,I))*F
171           RGESMT=RGESMT*RR**KSPEIR(I,N1,1)
172           COTHI2=COTHI(I)*2.
173           NA=COTHI2+1.
174           NB=NA+1
175           FA=COTHI2-FLOAT(NA-1)
176           PHIR=PHI(NA,I)+FA*(PHI(NB,I)-PHI(NA,I))
177     372   PHIGST=PHIGST+PHIR*FLOAT(KSPEIR(I,N1,1))
178           HV(I)=H(NA,I)+FA*(H(NB,I)-H(NA,I))
179           QUOT1=(RNULL/(RNULL+HV(I)))**2
180           ZWIWE=1.D0-QUOT1
181           COTDEL(I)=(COTE+DSQRT(COTEQ-ZWIWE*(COTEQ-QUOT1)))/ZWIWE
182           DELTI(I)=DATAN(1.D0/COTDEL(I))
183           DELTA=DELTA+DELTI(I)*FLOAT(KSPEIR(I,N1,1))
184           RLGST=RLGST+SQRT((1.+COTEQ)/(1.+COTDEL(I)**2))*(RNULL+HV(I))*FLOAT
185          1(KSPEIR(I,N1,1))
186     373   CONTINUE
187           DELTAA=DELTAN
188           DELTAN=DELTA
189           COTALT=COTN
190           COTN=COTE
191           RLGST=RLGST*2.
192     C
193     C     DIFFERENZENQUOTIENT FUER KONVERGENZFAKTOR
194     C
195           QUOT=DABS((DELTAA-DELTAN)/(COTALT-COTN))*2.D0
196           BETRAG=RGESMT/((1.+SNGL(COTEQ))*SQRT(SNGL(COTE*(1.D0+COTEQ)*SIN1*Q
197          1UOT)))
198           PHASE=PHIGST+WK*(RHO-RLGST)
```

```
199            REELL=REELL+BETRAG*COS(PHASE)
200            HIMAG=HIMAG+BETRAG*SIN(PHASE)
201            FELDST=SQRT(REELL**2+HIMAG**2)
202            IF(BETRAG.LT.FEHLER*FELDST)KSPEIR(5,N1,1)=0
203            GOTO                      330
204      375   DO                        376L1=1,NGR11
205      376   IF(KSPEIR(5,L1,1).NE.0)GOTO70
206            GOTO                      390
207      379   WRITE(6,5000)M,N1,K1   ,INDEX
208     5000   FORMAT(11X,64HACHTUNG.ZU STEILER EINFALLSWINKEL.COTANGENS THETA GR
209           10ESSER 10.75/11X,2HM=,I5,5X,3HN1=,I5,5X,3HK1=,I5,5X,6HINDEX=,I5)
210            GOTO                      390
211      380   WRITE(6,6000)K,INDEX
212     6000   FORMAT(1X,7HFUER K=,I3,7H INDEX=,I5,85H ERGABEN 20 REFLEXIONEN KEIN
213           1N UNTERSCHREITEN DES VORGEGEBENEN FEHLERS.ABBRUCH BEI M=21)
214      390   AMPLI=FELDST*1200./RNULL
215            PHASE1=57.29578*ATAN2(HIMAG,REELL)
216            FELD(K)=AMPLI
217            WINKEL(K)=PHASE1
218            REELL=REELL-REELLR+0.5/DELTA1
219            HIMAG=HIMAG-HIMAGR
220            FELDST=SQRT(REELL**2+HIMAG**2)
221            FELD1(K)=FELDST*1200./RNULL
222            WINKE1(K)=57.29578*ATAN2(HIMAG,REELL)
223      400   CONTINUE
224      C
225      C     WEGSPEICHERN AUF MAGNETBAND
226      C
227            WRITE(1)ABSV,ORV,FELD,WINKEL
228            WRITE(2)ABSV,ORV,FELD1,WINKE1
229            IF(MOD(INDEX,31).NE.1)GOTO450
230            CALL DAUER(1)
231            WRITE(6,3500)DISTAN,DISTAN
232     3500   FORMAT(1H1,5X,6HMODELL,38X,25HAMPLITUDEN(ENTFERNUNG)/MV,34X,23HPHA
233           1SEN(ENTFERNUNG)/GRAD/1X,5HABSZ.,6HORDIN.,9F7.0,3X,9F6.0/)
234      450   WRITE(6,7000)ABSV,ORV,FELD,WINKEL
235     7000   FORMAT(1X,F5.1,F6.3,9F7.4,3X,9F6.1)
236            CALL SSWTCH(6,M)
237            IF(M.EQ.1)GOTO            500
238            CALL ABRUF(60,L)
239            IF(L.EQ.2)GOTO            1
240      500   WRITE(6,8000)INDEX,ABSV,ORV
241     8000   FORMAT(11X,31HABBRUCH DER RECHNUNG MIT INDEX=,I5/11X,53HZULETZT WU
242           1RDEN AMPLITUDE UND PHASE FUER DIE PARAMETER/11X,9HABSZISSE=,F6.2,1
243           20H ORDINATE=,F6.3,11H BERECHNET.)
244            STOP
245              END
```

```
     C
     C     UNTERPROGRAMM KOEFFN BERECHNET GEWICHTSFAKTOREN UND EXPONENTEN
     C     FUER DIE SUMMANDEN DER REFLEXIONSORDNUNG M
     C
           SUBROUTINE KOEFFN(M)
           COMMON/KOEFBL/KSPEIR(5,110,2),NGR11
           DIMENSION KSPEIA(5,91,2),KSPEIB(5,100,2)
           MH=M-1
           NG11=(MH/2)*(M/2)+1
           NG12=(M/2)*(MH/2+1)
           NGR11=(M/2)*((M+1)/2)+1
           NGR12=((M+1)/2)*(M/2+1)
           DO                    90 I=1,NG11
           DO                    80 J=1,5
           KSPEIA(J,I,1)=KSPEIR(J,I,1)
      80   KSPEIA(J,I,2)=KSPEIR(J,I,1)
           KSPEIA(3,I,1)=KSPEIA(3,I,1)+1
      90   KSPEIA(1,I,2)=KSPEIA(1,I,2)+1
           DO                    110 I=1,NG12
           DO                    100 J=1,5
           KSPEIB(J,I,1)=KSPEIR(J,I,2)
     100   KSPEIB(J,I,2)=KSPEIR(J,I,2)
           KSPEIB(2,I,1)=KSPEIB(2,I,1)+1
     110   KSPEIB(4,I,2)=KSPEIB(4,I,2)+1
           DO                    320 N=1,2
           DO                    120 I=1,NGR12
     120   KSPEIR(5,I,N)=0
           NRFRPL=1
           NRGLA=1
           NRGLB=1
     130   IF(NRGLA.GT.NG11)GOTO  260
           IF(KSPEIA(5,NRGLA,N).EQ.0)GOTO250
           IF(NRGLB.GT.NG12)GOTO   230
           IF(KSPEIB(5,NRGLB,N).EQ.0)GOTO170
           KONRA=1
           KONRB=1
     140   IF(KSPEIA(KONRA,NRGLA,N).NE.KSPEIB(KONRB,NRGLB,N))GOTO190
           IF(KONRA.NE.4)GOTO      180
           KSPEIA(5,NRGLA,N)=KSPEIA(5,NRGLA,N)+KSPEIB(5,NRGLB,N)
           DO                    150 J=1,5
     150   KSPEIR(J,NRFRPL,N)=KSPEIA(J,NRGLA,N)
           NRGLA=NRGLA+1
     160   NRFRPL=NRFRPL+1
     170   NRGLB=NRGLB+1
           GOTO                   130
     180   KONRA=KONRA+1
           KONRB=KONRB+1
           GOTO                   140
     190   IF(KSPEIA(KONRA,NRGLA,N).LT.KSPEIB(KONRB,NRGLB,N))GOTO210
           DO                    200 J=1,5
     200   KSPEIR(J,NRFRPL,N)=KSPEIA(J,NRGLA,N)
           NRFRPL=NRFRPL+1
           NRGLA=NRGLA+1
           GOTO                   130
     210   DO                    220 J=1,5
     220   KSPEIR(J,NRFRPL,N)=KSPEIB(J,NRGLB,N)
           GOTO                   160
     230   DO                    240 J=1,5
     240   KSPEIR(J,NRFRPL,N)=KSPEIA(J,NRGLA,N)
           NRFRPL=NRFRPL+1
     250   NRGLA=NRGLA+1
           GOTO                   130
     260   IF(NRGLB.GT.NG12)GOTO   290
           IF(KSPEIB(5,NRGLB,N).EQ.0)GOTO280
           DO                    270 J=1,5
```

```
67    270  KSPEIR(J,NRFRPL,N)=KSPEIB(J,NRGLB,N)
68         NRFRPL=NRFRPL+1
69    280  NRGLB=NRGLB+1
70         GOTO                          260
71    290  DO                            300 I=1,NG11
72    300  KSPEIA(5,I,N)=0
73         DO                            310 I=1,NG12
74    310  KSPEIB(5,I,N)=0
75    320  CONTINUE
76         RETURN
77         END
```

```
 1
 2      C
 3      C      DAS PROGRAMM ERMITTELT UND ZEICHNET ALLE GEBIETE IN DER EBENE DER
 4      C      PARAMETER H250 UND HS , DIE GEGEBENEN FELDSTAERKEMESSUNGEN AN
 5      C      MEHREREN STATIONEN ENTSPRECHEN
 6      C
 7             DIMENSIONFUNKTN(8),FEHLOG(8),FEHL(8),FUNMIN(8),FUNMAX(8),KZUKLN(8)
 8            1,NRSTAT(8),EINGAB(20),FAKTRN(8),BEMER(8)
 9             COMMON/ZEICHN/BLANK,CHARA,CHARE,CHARI,PLUS,STERN,STRICH
10             COMMON/BLOK1/FELD(50,30),TEXT(13),NRBEZG,IQUOT,NAME(2)
11             COMMON/BLOPUN/PUNKT(8,51,31)
12             DATA    BEM/6HZKLEIN/
13             PAUSE                   1111
14             CALL                    DAUER(1)
15             REWIND                  1
16      C
17      C      EINLESEN DER DATEN
18      C
19             READ(1)NAME
20             DO                      10I=1,31
21             DO                      10J=1,51
22             READ(1)EINGAB
23             DO                      10K=1,8
24             K2=K+2
25             PUNKT(K,J,I)=EINGAB(K2)
26      10     CONTINUE
27      1      READ(5,2000)TEXT,KFAK1,KFAK2,NSTATN,IQUOT,IBEZ,KZUKLN,
28            1(NRSTAT(I),I=1,NSTATN)
29      2000   FORMAT(13A6,2I1/3I5,5X,8I1/8I5)
30             READ(5,3000)(FUNKTN(I),FEHLOG(I),I=1,NSTATN)
31      3000   FORMAT(16F5.2)
32             IDLMAX=4
33             IMIN=1
34             IMAX=30
35             JMIN=1
36             JMAX=50
37             MINFEL=4
38             MAXFEL=40
39             IF(KFAK1.EQ.1)READ(5,3000)FAKTRN
40             DO                      15I=1,NSTATN
41             BEMER(I)=BLANK
42             INDEX=NRSTAT(I)
43             IF(KZUKLN(INDEX).EQ.1) BEMER(I)= BEM
44      15     CONTINUE
45             IF(KFAK2.NE.1)GOTO       16
46             READ(5,4000)IDLMAX,IMIN,IMAX,JMIN,JMAX,MINFEL,MAXFEL
47      4000   FORMAT(7I5)
48             IF(IDLMAX.LE.0)IDLMAX=4
49             IF(IMIN.LT.1.OR.IMIN.GT.30)IMIN=1
50             IF(IMAX.LT.IMIN.OR.IMAX.GT.30)IMAX=30
51             IF(JMIN.LT.1.OR.JMIN.GT.50)JMIN=1
52             IF(JMAX.LT.JMIN.OR.JMAX.GT.50)JMAX=50
53             IF(MINFEL.LE.0.OR.MINFEL.GE.1500)MINFEL=4
54             IF(MAXFEL.LE.MINFEL.OR.MAXFEL.GT.1500)MAXFEL=40
55      16     WRITE(6,5000)TEXT,IDLMAX,IMIN,IMAX,JMIN,JMAX,MINFEL,MAXFEL,
56            1(NRSTAT(I),FUNKTN(I),FEHLOG(I),BEMER(I),I=1,NSTATN)
57      5000   FORMAT(1H1,23HVORGEGEBENE DATEN FUER ,13A6/30X,7HIDLMAX=,I3,5X,5HI
58            1MIN=,I3,5X,5HIMAX=,I3,5X,5HJMIN=,I3,5X,5HJMAX=,I3,5X,7HMINFEL=,I3,
59            25X,7HMAXFEL=,I3/1X,14HNR DER STATION,6X
60            3,9HAMPLITUDE,5X,10HFEHLER(DB),4X,11HBEMERKUNGEN/
61            4(1X,I14,F15.2,F15.1,A15))
62             IZW=0
63             IZF=0
64             IDL=0
65             DELTAB=2.
66             DELTAF=DELTAB
```

```
67              DO                      20 I=1,NSTATN
68              INDEX=NRSTAT(I)
69              FUNKTN(I)=FUNKTN(I)/FAKTRN(INDEX)
70              FEHLOG(I)=FEHLOG(I)-DELTAF
71         20   CONTINUE
72       C
73       C      UNTERSUCHUNG DER ELEMENTARZELLEN
74       C
75              DO                      21 I=1,30
76              DO                      21 J=1,50
77              FELD(J,I)=BLANK
78         21   CONTINUE
79         25   IDL=IDL+1
80              IF(IDL.GT.IDLMAX)GOTO    70
81              NFELD=0
82              NNULL=0
83       C
84       C      FEHLERVORGABE
85       C
86              DO                      30 I=1,NSTATN
87              FEHLOG(I)=FEHLOG(I)+DELTAF
88              FEHL(I)=10.**(FEHLOG(I)/20.)
89              IF(FEHL(I).GE.1.)GOTO    26
90              NNULL=NNULL+1
91              FEHL(I)=1.
92         26   FUNMAX(I)=FUNKTN(I)*FEHL(I)
93              FUNMIN(I)=FUNKTN(I)/FEHL(I)
94              IF(IQUOT.NE.1)GOTO       30
95              NRBEZG=NRSTAT(IBEZ)
96              IF(KZUKLN(NRBEZG).EQ.1)GOTO80
97              FUNMAX(I)=FUNMAX(I)*FEHL(IBEZ)/FUNKTN(IBEZ)
98              FUNMIN(I)=FUNMIN(I)/(FEHL(IBEZ)*FUNKTN(IBEZ))
99         30   CONTINUE
100             DO                      50 I=IMIN,IMAX
101             I1=I+1
102             DO                      50 J=JMIN,JMAX
103             J1=J+1
104             FELD(J,I)=BLANK
105             DO                      60 K=1,NSTATN
106             IK=NRSTAT(K)
107             IF(IQUOT.EQ.1)GOTO       40
108             PMAX=AMAX1(PUNKT(IK,J,I),PUNKT(IK,J1,I),PUNKT(IK,J,I1),PUNKT(IK,J1
109            1,I1))
110             PMIN=AMIN1(PUNKT(IK,J,I),PUNKT(IK,J1,I),PUNKT(IK,J,I1),PUNKT(IK,J1
111            1,I1))
112             GOTO                    55
113        40   TEIL1=PUNKT(IK,J,I)/PUNKT(NRBEZG,J,I)
114             TEIL2=PUNKT(IK,J1,I)/PUNKT(NRBEZG,J1,I)
115             TEIL3=PUNKT(IK,J,I1)/PUNKT(NRBEZG,J,I1)
116             TEIL4=PUNKT(IK,J1,I1)/PUNKT(NRBEZG,J1,I1)
117             PMAX=AMAX1(TEIL1,TEIL2,TEIL3,TEIL4)
118             PMIN=AMIN1(TEIL1,TEIL2,TEIL3,TEIL4)
119        55   IF(FUNMIN(K).GT.PMAX)GOTO50
120             IF(KZUKLN(IK).EQ.1)GOTO 60
121             IF(FUNMAX(K).LT.PMIN)GOTO50
122        60   CONTINUE
123             FELD(J,I)=STERN
124             NFELD=NFELD+1
125        50   CONTINUE
126             WRITE(6,1000)IDL,NFELD
127      1000   FORMAT(81X,4HIDL=,I3,3X,6HNFELD=,I5 )
128             IF(NFELD.LT.MINFEL)GOTO 65
129             IF(NFELD.LE.MAXFEL)GOTO 70
130             IF(NNULL.EQ.NSTATN)GOTO 70
131             IZF=1
132             IF(IZW.EQ.1)DELTAB=DELTAB/2.
```

```
133            DELTAF=0.-DELTAB
134            GOTO                     25
135       65   IZW=1
136            IF(IZF.EQ.1)DELTAB=DELTAB/2.
137            DELTAF=DELTAB
138            GOTO                     25
139       C
140       C    AUSDRUCKEN DER ERGEBNISSE
141       C
142       70   WRITE(6,6000)TEXT,NAME,(NRSTAT(I),FUNKTN(I),FEHLOG(I),I=1,NSTATN)
143       6000 FORMAT(  /36H VERWENDETE DATEN FUER ZEICHENBLATT ,13A6,1X,2A6  /1X
144           1,14HNR DER STATION,6X,9HAMPLITUDE,5X,10HFEHLER(DB)//(1X,I14   ,F15.
145           23,F15.2))
146            WRITE(6,7000)
147       7000 FORMAT(//17H VORL. ERGEBNISSE/1X,16H----------------//1X,14HNR DER
148           1 STATION,2X,13H AMPLIT.(MP),30H    AMPLIT.(MI)    AMPLIT.(MA)  )
149            CALL                     SCHWPT
150       C
151       C    ZEICHNEN DER PARAMETEREBENE
152       C
153            CALL                     FELMAL
154            GOTO                     1
155       80   WRITE(6,8000)
156       8000 FORMAT(50H ACHTUNG,NUR MINIMALWERT DER BEZUGSSTATION BEKANNT)
157            GOTO                     1
158       90   END
```

```
1
2     C
3     C     UNTERPROGRAMM DATA BRINGT DRUCKBARE ZEICHEN IN DEN KERNSPEICHER
4     C
5           BLOCK DATA
6           COMMON/ZEICHN/BLANK,CHARA,CHARE,CHARI,PLUS,STERN,STRICH
7           DATA BLANK,CHARA,CHARE,CHARI,PLUS,STERN,STRICH/1H ,1HA,1HE,1HI,1H+
8          1,1H*,1H=/
9           END
```

```
 1
 2    C
 3    C     UNTERPROGRAMM SCHWPT BESTIMMT DIE SCHWERPUNKTE VON MARKIERTEN PARA
 4    C     METERGEBIETEN
 5    C
 6          SUBROUTINE           SCHWPT
 7          INTEGER FELD,BLANK
 8          COMMON/BLOK1/FELD(50,30),TEXT(13),NRBEZG,IQUOT,NAME(2)
 9          COMMON/BLOPUN/PUNKT(8,51,31)
10          COMMON/ZEICHN/BLANK,CHARA,CHARE,CHARI,PLUS,STERN,STRICH
11          DIMENSION NSYMB(10),  NSPEI(100),IPKT(10),ISUMX(10),ISUMY(10),FMAX
12         1(8,10),FMIN(8,10),FUNKT(8)
13          DATA NSYMB/1H1,1H2,1H3,1H4,1H5,1H6,1H7,1H8,1H9,1H0/
14          NGEB=0
15          IF(FELD(1,1).EQ.BLANK)GOTO10
16          NGEB=1
17          NSPEI(1)=1
18          FELD(1,1)=NGEB
19    10    DO                   20I=2,50
20          IF(FELD(I,1).EQ.BLANK)GOTO20
21          IF(FELD(I-1,1).NE.BLANK)GOTO30
22          NGEB=NGEB+1
23          NSPEI(NGEB)=NGEB
24    30    FELD(I,1)=NSPEI(NGEB)
25    20    CONTINUE
26          DO                   40I=2,30
27          IF(FELD(1,I).EQ.BLANK)GOTO65
28          IF(FELD(1,I-1).EQ.BLANK)GOTO50
29          FELD(1,I)=FELD(1,I-1)
30          GOTO                 65
31    50    NGEB=NGEB+1
32          IF(NGEB.GT.100)GOTO   500
33          NSPEI(NGEB)=NGEB
34          FELD(1,I)=NGEB
35    65    DO                   60J=2,50
36          IF(FELD(J,I).EQ.BLANK)GOTO60
37          IF(FELD(J-1,I).NE.BLANK)GOTO80
38          IF FELD(J,I-1).NE.BLANK)GOTO90
39          NGEB=NGEB+1
40          IF(NGEB.GT.100)GOTO   500
41          NSPEI(NGEB)=NGEB
42          FELD(J,I)=NGEB
43          GOTO                 60
44    80    FELD(J,I)=FELD(J-1,I)
45          GOTO                 60
46    90    FELD(J,I)=FELD(J,I-1)
47    60    CONTINUE
48    40    CONTINUE
49          IF(NGEB.EQ.0)RETURN
50          DO                   100I=1,29
51          IM=31-I
52          DO                   110J=1,49
53          JM=51-J
54          IF(FELD(JM,IM).EQ.BLANK)GOTO110
55          IF(FELD(JM-1,IM-1).NE.BLANK)GOTO110
56          IF(FELD(JM,IM-1).EQ.FELD(JM,IM))GOTO110
57          IF(FELD(JM,IM-1).EQ.BLANK)GOTO110
58          INDEX1=FELD(JM,IM)
59          INDEX2=FELD(JM,IM-1)
60          NSPEI(INDEX2)=NSPEI(INDEX1)
61    110   CONTINUE
62    100   CONTINUE
63          NSCHWP=0
64          NVGL=0
65          DO                   200I=1,NGEB
66          IF(NVGL.GE.NSPEI(I))GOTO200
```

```
 67         NVGL=NSPEI(I)
 68         NSCHWP=NSCHWP+1
 69         IF(NSCHWP.GT.10)GOTO    600
 70         DO                      210J=1,NGEB
 71         IF(NSPEI(J).EQ.NVGL)NSPEI(J)=NSCHWP
 72     210 CONTINUE
 73         NVGL=NSCHWP
 74     200 CONTINUE
 75         DO                      240I=1,10
 76         IPKT(I)=0
 77         ISUMX(I)=0
 78         ISUMY(I)=0
 79     240 CONTINUE
 80         DO                      300I=1,30
 81         DO                      310J=1,50
 82         IF(FELD(J,I).EQ.BLANK)GOTO310
 83         INDEX=FELD(J,I)
 84         IZAHL=NSPEI(INDEX)
 85         FELD(J,I)=NSYMB(IZAHL)
 86         IPKT(IZAHL)=IPKT(IZAHL)+1
 87         ISUMX(IZAHL)=ISUMX(IZAHL)+J
 88         ISUMY(IZAHL)=ISUMY(IZAHL)+I
 89         DO                      330K=1,8
 90         IF(IPKT(IZAHL).NE.1)GOTO320
 91         FMAX(K,IZAHL)=PUNKT(K,J,I)
 92         FMIN(K,IZAHL)=PUNKT(K,J,I)
 93     320 FMAX(K,IZAHL)=AMAX1(FMAX(K,IZAHL),PUNKT(K,J,I),PUNKT(K,J+1,I),PUNK
 94        1T(K,J,I+1),PUNKT(K,J+1,I+1))
 95         FMIN(K,IZAHL)=AMIN1(FMIN(K,IZAHL),PUNKT(K,J,I),PUNKT(K,J+1,I),PUNK
 96        1T(K,J,I+1),PUNKT(K,J+1,I+1))
 97     330 CONTINUE
 98     310 CONTINUE
 99     300 CONTINUE
100         DO                      400I=1,NSCHWP
101         SCHPTX=FLOAT(ISUMX(I))/FLOAT(IPKT(I))+0.5
102         SCHPTY=FLOAT(ISUMY(I))/FLOAT(IPKT(I))+0.5
103         MPX=IFIX(SCHPTX+0.5)
104         MPY=IFIX(SCHPTY+0.5)
105         DIFX=SCHPTX-FLOAT(MPX)
106         DIFY=SCHPTY-FLOAT(MPY)
107         IFKTX=1
108         IFKTY=1
109         IF(DIFX.LT.0.)IFKTX=-1
110         IF(DIFY.LT.0.)IFKTY=-1
111         IND2X=MPX+IFKTX
112         IND2Y=MPY+IFKTY
113         DO                      410J=1,8
114         FUNKT(J)=PUNKT(J,MPX,MPY)+ABS(DIFX)*(PUNKT(J,IND2X,MPY)-PUNKT(J,MPX,MPY
115        1X,MPY))+ABS(DIFY)*(PUNKT(J,MPX,IND2Y)-PUNKT(J,MPX,MPY))
116     410 CONTINUE
117   C
118   C     SCHWERPUNKTKOORDINATEN
119   C
120         SCHX=(SCHPTX-1.)*0.5+65.
121         SCHY=ALOG10(8.)*(SCHPTY-1.)/30.
122         WRITE(6,1000)I,SCHX,SCHY,(J,FUNKT(J),FMIN(J,I),FMAX(J,I),J=1,8)
123    1000 FORMAT(60X,7HBEREICH,I3,3X,12HMITTELPUNKT=,F8.2,F8.3/(1X,I14,3F15.
124        13))
125     400 CONTINUE
126         RETURN
127     500 WRITE(6,2000)NGEB
128    2000 FORMAT(6H NGEB=,I5)
129         RETURN
130     600 WRITE(6,3000)NSCHWP
131    3000 FORMAT(8H NSCHWP=,I5)
132         RETURN
133         END
```

```
      C
      C     UNTERPROGRAMM FELMAL ZEICHNET PARAMETEREBENE UND DARIN MARKIERTE
      C     GEBIETE
      C
            SUBROUTINE FELMAL
            COMMON/ZEICHN/BLANK,CHARA,CHARE,CHARI,PLUS,STERN,STRICH
            COMMON/BLOK1/FELD(50,30),TEXT(13),NRBEZG,IQUOT,NAME(2)
            DIMENSION ZEILE(101),ABSZI(6),ORDINA(7)
            X=60.
            DO                       10I=1,6
            X=X+5.
   10       ABSZI(I)=X
            DELTAY=ALOG10(8.)/6.
            Y=0.-DELTAY
            DO                       20I=1,7
            Y=Y+DELTAY
   20       ORDINA(I)=Y
            WRITE(6,1000)TEXT ,NAME
 1000       FORMAT(1H1,18HDURCHSCHNITT FUER ,13A6,1X,2A6)
            IF(IQUOT.EQ.1)WRITE(6,2000)NRBEZG
 2000       FORMAT(11X,23HNR. DER REFERENZSTATION,I3)
            WRITE(6,3000)ABSZI
 3000       FORMAT(6F20.0)
      C
      C     ZEILENWEISES AUSDRUCKEN
      C
            DO                       130IO=1,61
            I=62-IO
            ZEILE(1)=CHARI
            ZEILE(101)=CHARI
            IS=2
            IF(MOD(I,10).NE.1)GOTO   60
            IS=1
            N=(I-1)/10+1
            ZEILE1=ORDINA(N)
            ZEILE2=ORDINA(N)
            ZEILE(1)=PLUS
            ZEILE(101)=PLUS
      C
      C     ABFRAGE , OB OBERER ODER UNTERER RAND
      C
            IF(I.NE.1.AND.I.NE.61)GOTO60
            DO                       30J=2,100
   30       ZEILE(J)=STRICH
            DO                       40J=21,81,20
   40       ZEILE(J)=PLUS
            N=1
            IF(I.EQ.61)N=30
            DO                       50J=1,50
            IF(FELD(J,N).EQ.BLANK)GOTO50
            ZEILE(2*J-1)=PLUS
            ZEILE(2*J)=STRICH
            ZEILE(2*J+1)=PLUS
   50       CONTINUE
            GOTO                     100
   60       N=I/2
            IF(MOD(I,2).EQ.1)GOTO    80
            DO                       70J=1,50
            IF(FELD(J,N).EQ.BLANK)GOTO70
            ZEILE(2*J-1)=CHARI
            ZEILE(2*J)=FELD(J,N)
            ZEILE(2*J+1)=CHARI
   70       CONTINUE
            GOTO                     (100,110),IS
   80       DO                       90J=1,50
```

```
67          IF(FELD(J,N).EQ.BLANK.AND.FELD(J,N+1).EQ.BLANK)GOTO90
68          ZEILE(2*J-1)=PLUS
69          ZEILE(2*J)=STRICH
70          ZEILE(2*J+1)=PLUS
71    90    CONTINUE
72          GOTO                    (100,110),IS
73    100   WRITE(6,4000)ZEILE1,ZEILE,ZEILE2
74    4000  FORMAT(11X,F6.3,1X,101A1,F7.3)
75          GOTO                    120
76    110   WRITE(6,5000)ZEILE
77    5000  FORMAT(18X,101A1)
78    C
79    C     SPEICHER FUER GEDRUCKTE ZEILE WIRD ,BLANK, GESETZT
80    C
81    120   DO                      130J=2,100
82          ZEILE(J)=BLANK
83    130   CONTINUE
84          WRITE(6,3000)ABSZI
85          RETURN
86          END
```

**Verzeichnis der Mitteilungen aus dem Max-Planck-Institut
für Physik der Stratosphäre**

Nr. 1/1953 Über den Beitrag der von μ-Mesonen angestoßenen Elektronen zu den Ultrastrahlungsschauern unter Blei. G. Pfotzer

Nr. 2/1954 Ein Zählrohrkoinzidenzgerät zur Registrierung der kosmischen Ultrastrahlung. A. Ehmert

Eine einfache Methode zur Einstellung und Fixierung des Expansionsverhältnisses von Nebelkammern. G. Pfotzer

Nr. 3/1954 Optische Interferenzen an dünnen, bei -190°C kondensierten Eisschichten. Erich Regener (vergriffen)

Nr. 4/1955 Über die Messung der Temperatur des atmosphärischen Ozons mit Hilfe der Huggins-Banden. H. Zschörner und H. K. Paetzold

Nr. 5/1956 Ein neuer Ausbruch solarer Ultrastrahlung am 23. Februar 1956. A. Ehmert und G. Pfotzer, vergriffen (erschienen Z. Naturforschung 11a, 322, 1956)

Nr. 6/1956 Das Abklingen der solaren Ultrastrahlung beim Ausbruch am 23. Februar 1956 und die geomagnetischen Einfallsbedingungen. A. Ehmert und G. Pfotzer

Nr. 7/1956 Die Impulsverteilung der solaren Ultrastrahlung in der Abklingphase des Strahlungseinbruches am 23. Februar 1956. G. Pfotzer

Nr. 8/1956 Die atmosphärischen Störungen und ihre Anwendung zur Untersuchung der unteren Ionosphäre. K. Revellio

Nr. 9/1956 Solare Ultrastrahlung als Sonde für das Magnetfeld der Erde in großer Entfernung. G. Pfotzer

*

Die vorstehenden Hefte können beim Max-Planck-Institut für Aeronomie,
3411 Lindau angefordert werden.

Mitteilungen aus dem Max-Planck-Institut für Aeronomie

Nr. 1 (S) 1959 Waibel: Messungen von Primärteilchen der kosmischen Strahlung.

Nr. 2 (S) 1959 Erbe: Auswirkung der Variationen der primären kosmischen Strahlung auf die Mesonen- und Nukleonenkomponente am Erdboden.

Nr. 3 (I) 1960 Kohl: Bewegung der F-Schicht der Ionosphäre bei erdmagnetischen Bai-Störungen.

Nr. 4 (I) 1960 Becker: Tables of ordinary and extraordinary refractive indices, group refractive indices and $h'_{o,x}(f)$-curves or standard ionospheric layer models.

Nr. 5 (S) 1961 Schröpl: Über eine Neubestimmung des Absorptionskoeffizienten von Ozon im Ultraviolett bei kleinen Konzentrationen.

Nr. 6 (S) 1961 Erbe: Ergebnisse der Ballonaufstiege zur Messung der kosmischen Strahlung in Weissenau und Lindau.

Nr. 7 (S) 1962 Meyer: Elektromagnetische Induktion eines vertikalen magnetischen Dipols über einem leitenden homogenen Halbraum.

Nr. 8 (I u. S) 1962 Dieminger und Mitarb.: Die geophysikalischen Ereignisse des 12. - 14. November 1960.

Nr. 9 (S) 1962 Pfotzer, Ehmert, and Keppler: Time Pattern of Ionizing Radiation in Balloon Altitudes in High Latitudes. Part A, Text; Part B, Figures and Diagrams.

Nr. 10 (S) 1963 Waibel: Eine Ballonsonde zur Messung von Röntgenstrahlung und solarer Ultrastrahlung.

Nr. 11 (S) 1963 Voelker: Zur Breitenabhängigkeit erdmagnetischer Pulsationen.

Nr. 12 (S) 1963 Jaeschke: Registrierung von Pulsationen im südlichen Niedersachsen als Beitrag zur erdmagnetischen Tiefensondierung.

Nr. 13 (S) 1963 Meyer: Elektromagnetische Induktion in einem leitenden homogenen Zylinder durch äußere magnetische und elektrische Wechselfelder.

Nr. 14 (S) 1964 Kremser: Über den Zusammenhang zwischen Röntgenstrahlungs-Ausbrüchen in der Polarlichtzone und bayartigen erdmagnetischen Störungen.

Nr. 15 (S) 1964 Keppler: Messung von Röntgenstrahlung und solaren Protonen mit Ballongeräten in der Nordlichtzone.

Nr. 16 (S) 1964 Kirsch: Die Anisotropien der kosmischen Strahlung.

Nr. 17 (S) 1964 Guilino: Ausbau eines Wechsellichtmonochromators und seine Anwendung zur Messung des Luftleuchtens während der Dämmerung und in der Nacht.

Nr. 18 (S) 1965 Pfotzer and Ehmert: Measurements of High Energetic Auroral Radiations with Balloon-Borne Detectors in 1962 and 1963 Part A to C, Text; Part D, Figures and Diagrams.

Nr. 19 (I) 1965 Hartmann: Bestimmung wichtiger Satellitenpositionen mit Hilfe graphischer Darstellungen.

Nr. 20 (S) 1965 Keppler: Über die Eigenschaften von Zählrohren und Ionisationskammern in verschiedenartigen Strahlungsfeldern. - Zur Interpretation von Röntgenstrahlungsmessungen in Ballonhöhe in der Nordlichtzone.

Nr. 21 (S) 1965 Siebert: Zur Theorie erdmagnetischer Pulsationen mit breitenabhängigen Perioden.

Nr. 22 (S) 1965 Meyer: Zur 27 täglichen Wiederholungsneigung der erdmagnetischen Aktivität, erschlossen aus den täglichen Charakterzahlen C8 von 1884-1964.

Nr. 23 (S) 1965 Frisius: Über die Bestimmung von Längstwellen - Ausbreitungsparametern aus Feldstärkemessungen am Erdboden.

Nr. 24 (I) 1965 Ma: Einfluß der erdmagnetischen Unruhe auf den brauchbaren Frequenzbereich im Kurzwellen-Weitverkehr am Rande der Nordlichtzone.

Nr. 25 (S) 1965 Kremser, Keppler, Bewersdorff, Saeger, Ehmert, Pfotzer, Riedler, Legrand: X - Ray Measurements in the Auroral Zone from July to October 1964.

Nr. 26 (I) 1966 Stubbe: Theoretische Beschreibung des Verhaltens der nächtlichen F-Schicht.

Nr. 27 (S) 1966 Wilhelm: Registrierung und Analyse erdmagnetischer Pulsationen der Polarlichtzone, sowie ein Vergleich mit Bremsstrahlungsmessungen.

Nr. 28 (S) 1967 Fabian: Über eine neue Ozonradiosonde und Untersuchung von Lufttransporten in der unteren Stratosphäre.

Nr. 29 (S) 1967 Specht: Über die Absorptions- und Emissionsstrahlung der atmosphärischen Ozonschicht bei der Wellenlänge 9,6 μ.

Nr. 30 (I) 1967 Rose und Widdel: Ein Meßgerät zur Bestimmung der Strömungsgeschwindigkeit in kurzen Rohren (Ionenzählern) bei niedrigem Gasdruck.

Nr. 31 (I) 1967 Hartmann: Die Amplitudenregistrierungen des Satelliten Explorer 22, unter besonderer Berücksichtigung der Effekte, die bei Elevationswinkeln kleiner als 45° auftreten.

Nr. 32 (I) 1967 Rüster: Lösung von Bewegungsgleichungen und Kontinuitätsgleichung der F-Schicht mit speziellen Anwendungen auf erdmagnetische Baistörungen.

Nr. 33 (S) 1968 Müller: Zur Modulation der kosmischen Strahlung.

Nr. 34 (S) 1968 Münch: Statistische Frequenzanalyse von erdmagnetischen Pulsationen.

Nr. 35 **(S)** 1968 Schreiber: Das Magnetfeld des Ringstroms während der Hauptphase erdmagnetischer Stürme und ein Vergleich mit dem beobachteten D_{st}-Anteil des Störfeldes.

Nr. 36 **(I)** 1968 Elling: Spezielle Näherungsformeln der Appleton-Hartree-Gleichungen zur Interpretation der Absorption einer Mittelwellenausbreitung im nächtlichen E-Gebiet der Ionosphäre.

Nr. 37 **(I)** 1968 Jones: Application of the Geometrical Theory of Diffraction to Terrestrial LF Radio Wave Propagation.

Nr. 38 **(S)** 1969 Zürn: Zum weltweiten Auftreten erdmagnetischer Pulsationen vom Typ pc 4.

Nr. 39 **(S)** 1969 Tiefenau: Untersuchungen an Kanal-Elektronen-Vervielfachern.

Nr. 40 **(S)** 1970: Sonderheft zum 60. Geburtstag von Herrn Prof. Dr.-Ing. G. Pfotzer am 29. November 1969 und Herrn Prof. Dr.-Ing. A. Ehmert am 6. März 1970.

If you have any concerns about our products,
you can contact us on
ProductSafety@springernature.com

In case Publisher is established outside the EU,
the EU authorized representative is:
**Springer Nature Customer Service Center GmbH
Europaplatz 3, 69115 Heidelberg, Germany**

Printed by Libri Plureos GmbH
in Hamburg, Germany